COURS DE LA FACULTÉ DES SCIENCES DE PARIS
PUBLIÉS PAR L'ASSOCIATION AMICALE DES ÉLÈVES ET ANCIENS ÉLÈVES
DE LA FACULTÉ DES SCIENCES

CONFÉRENCES
DE
PÉTROGRAPHIE

Par M. Ch. VÉLAIN

Chargé de Cours à la Faculté des Sciences de Paris

PREMIER FASCICULE

PARIS
GEORGES CARRÉ, ÉDITEUR
58, RUE SAINT-ANDRÉ-DES-ARTS, 58

1889

CONFÉRENCES

DE

PÉTROGRAPHIE

Tours, imp. Deslis Frères

COURS DE LA FACULTÉ DES SCIENCES DE PARIS
PUBLIÉS PAR L'ASSOCIATION AMICALE DES ÉLÈVES ET ANCIENS ÉLÈVES
DE LA FACULTÉ DES SCIENCES

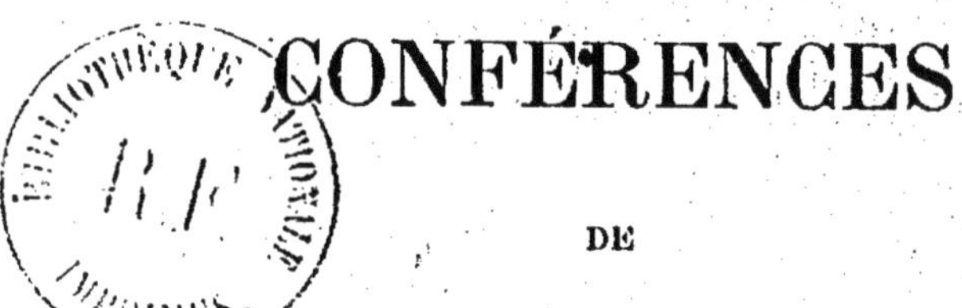

CONFÉRENCES

DE

PÉTROGRAPHIE

Par M. Ch. VÉLAIN

Chargé de Cours à la Faculté des Sciences de Paris

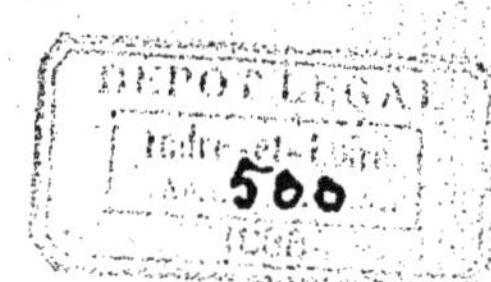

PREMIER FASCICULE

PARIS
GEORGES CARRÉ, ÉDITEUR
58, RUE SAINT-ANDRÉ-DES-ARTS, 58
1889

INTRODUCTION

NOTIONS GÉNÉRALES SUR LA COMPOSITION DE L'ÉCORCE TERRESTRE

Les matériaux constituants de l'écorce terrestre, désignés dans leur ensemble sous le nom de *roches*, viennent se ranger dans deux grandes catégories bien distinctes.

Ceux de la première catégorie, disposés en couches *stratifiées* plus ou moins épaisses, limitées par des surfaces planes et parallèles, s'observent sur de vastes étendues, régulièrement superposées par rang d'âge. Leurs éléments siliceux, argileux ou calcaires, le plus souvent détritiques, c'est-à-dire composés de débris provenant de la trituration de roches préexistantes, sont distribués dans un ordre régulier, satisfaisant aux lois de la pesanteur, et viennent ainsi attester que ces couches se sont formées par voie de dépôt au sein des eaux, à la manière des sédiments maritimes, terrestres ou fluviatiles. Ce sont les *roches sédimentaires*.

La seconde comprend, d'une part l'ensemble des roches *cristallines* qui résultent de la consolidation de la croûte primitive, en venant former partout le substratum des dépôts les plus anciens, de l'autre celles dites *éruptives*, qui se présentent sous la forme de massifs, de nappes et de filons, intercalées dans les roches précédentes ou répandues à leur surface, et deviennent le produit de l'épanchement, maintes fois répété, des masses fluides internes, à travers les crevasses de l'écorce.

Alors que les roches de la seconde catégorie sont le produit direct de ce qu'on peut appeler l'*activité interne* globe, du celles sédimentaires détritiques sont l'œuvre exclusive des agents externes d'érosion, soit des réactions exercées sur les matériaux de la terre ferme par les éléments fluides extérieurs, atmosphère, océan, eaux courantes. Elles ne sont par conséquent que des produits de remaniement dont les éléments ont été empruntés tout d'abord, soit aux roches cristallines primitives, soit à celles venues au jour par voie éruptive.

Il convient donc de commencer l'étude des matériaux constituants de l'écorce terrestre par l'examen de ces roches primitives et éruptives, qui offrent encore cet intérêt particulier d'être toutes directement issues du même foyer.

ÉLÉMENTS CONSTITUANTS DES ROCHES D'ORIGINE INTERNE

Les roches d'origine interne, nombreuses et variées, résultent toutes de l'agrégation d'un certain nombre d'éléments minéraux parmi lesquels figurent, en première ligne, deux substances particulièrement importantes, la *silice* et l'*alumine*, produites par l'oxydation de deux corps qu'on n'a jamais rencontrés à l'état métallique, et de plus saturées d'oxygène, au point d'avoir épuisé toutes leurs affinités chimiques ; cette circonstance les rend éminemment dures, les plus réfractaires qu'on connaisse et les plus stables en présence des agents habituels de décomposition.

Les éléments qui interviennent ensuite sont des oxydes de

métaux légers, *potasse, soude, lithine, chaux, magnésie*, avec une certaine quantité de fer à divers degrés d'oxydation.

Minéraux essentiels. — La *silice libre* dans son plus grand état de pureté se présente sous la forme bien connue du *quartz*, mais le plus souvent elle s'associe à l'alumine ainsi qu'aux oxydes des métaux précédemment cités en donnant lieu aux *silicates* cristallisés suivants : en tête viennent des minéraux durs, clivables, généralement blancs ou de teinte claire, les *feldspaths*, qui sont des silicates alumineux à base alcaline (potasse, soude) ou alcalino-terreuse (chaux). Suivant la nature de cette base et la proportion de silice combinée, on distingue : un feldspath potassique marqué de clivages rectangulaires, l'*orthose*, ayant une variété vitreuse appelée *sanidine*, ainsi qu'une forme triclinique à clivages obliques, le *microcline; l'albite*, feldspath sodique ; l'*oligoclase*, sodico-calcique ; le *labrador* et l'*anorthite* surtout calcifères avec proportion moindre de silice. A côté des feldspaths viennent se placer les *amphigénides* ou *feldspathoïdes* qui, avec des clivages imparfaits, offrent des formes cristallines différentes, pseudo-cubique pour la *leucite*, hexagonale pour la *néphéline*. Ensuite apparaissent des minéraux *feuilletés* plus colorés, dont les fines lamelles sont formées de silice et d'alumine, unies, cette fois, au fer et à la magnésie avec, parfois, une faible proportion d'alcali , ce sont d'abord les *micas* dont les paillettes miroitantes, flexibles et élastiques, sont répandues dans un grand nombre de roches ; on y distingue principalement des *micas noirs* ferro-magnésiens ou *biotites*, des micas blancs potassiques, *muscovites;* puis les *chlorites*, dépourvues d'alcalis, qui deviennent hydratées, et dont les lamelles vertes, écailleuses sont dépourvues d'élasticité. Enfin il faut encore tenir compte de la fréquence au sein des roches qui nous occupent, de *silicates lourds*, très colorés, chargés de fer, de chaux et de magnésie, où les alcalis font défaut et qui n'admettent plus l'alumine qu'exceptionnellement à l'état de mélange mécanique. Ils comprennent les *amphiboles*, où la magnésie l'emporte sur la chaux, les *pyroxènes* surtout calcifères, et le *péridot*, en grains d'un jaune verdâtre, exclusivement magnésien. En dernier lieu on peut constater l'isolement du fer, soit sous la forme de grains noirs et de cristaux cubiques d'*oxydule magnétique*, soit même à l'état natif dans certains basaltes.

Minéraux accessoires. — A la suite de ces minéraux qui donnent à chaque roche son individualité propre, en permettant de la spécifier, et qu'on peut qualifier par suite d'*essentiels* ou *constitutifs*, il en est d'autres qui n'entrent dans leur composition qu'accidentellement mais dont il faut encore tenir compte en raison des lumières qu'ils viennent nous apporter sur la nature des *dissolvants*, des substances chimiquement actives, qui sont entrés en jeu pour provoquer la cristallisation d'éléments aussi réfractaires que ceux qui prennent part à la constitution de l'écorce primitive ou des roches acides d'épanchement. De ce nombre sont les micas violets lithinifères et fluorés (*lépidolite*) qui contiennent jusqu'à 8 $^{0}/_{0}$ de fluor, la *tourmaline*, qui nous révèle le rôle joué par l'acide borique, l'*apatite*, si répandue en fines aiguilles microscopiques dans presque toutes les roches, celui de l'acide phosphorique. Le *sphène* non moins abondant et le *rutile* viennent à leur tour, témoigner de l'intervention de l'acide titanique.

La liste suivante de ces minéraux qui, bien qu'*accessoires* au point de vue de la quantité, n'en sont pas moins très importants à considérer en raison des enseignements qu'ils nous apportent sur la genèse des roches qui les contiennent, montrera la nature des agents chimiques, des *minéralisateurs*, pour employer l'expression bien significative de Henri Sainte-Claire Deville, qui ont dû présider à la cristallisation de roches telles que les gneisss de la primitive écorce, où les granites et les porphyres de la série éruptive.

Lépidolite (mica lithinifère fluoré).

Tourmaline (silicate d'alumine avec fluor et acide borique).

Topaze (silicate d'alumine avec fluorure de silicium).

Emeraude (silicate double d'alumine et de glucine).

Apatite (chlorophosphate de chaux avec fluor).

Sphène (silico titanate de chaux).

Noséane (silicate alumineux sodique contenant 12 à 13 % d'acide sulfurique avec des traces de chlore).

Rutile (oxyde de titane).

Aux éléments accessoires appartiennent encore le *zircon* (silicate de zircone), la *cordiérite* ou *dichroïte* (silicate d'alumine avec fer et magnésie) dont la décomposition produit la *pinite* si répandue dans les granites et les porphyres, les aluminates rangés sous le nom de *spinellides*, ainsi que les *silicates borens*, spéciaux à certaines roches exceptionnelles comme les syénites éléolitiques et qui offrent cet intérêt de renfermer dans leur composition un certain nombre d'éléments très rares ailleurs, tels que, thorium, ytrium, cerium, lanthane, tantale, niobium et didyme.

Minéraux des géodes. — A la suite des éléments accessoires viennent naturellement se placer ceux qui forment le remplissage de géodes ou cavités de certaines roches caverneuses, tels que les mélaphyres et les basaltes vacuolaires. Ce remplissage, dû à une circulation d'eaux thermales, postérieure à la consolidation de ces roches dites *amygdaloïdes*, est opéré par une classe bien homogène de silicates alumineux hydratés, pouvant contenir de la potasse, de la soude, de la chaux ou de la baryte et groupés sous le nom de *zéolites*. Les plus fréquentes sont des zéolites sodiques : *mésotype*, *analcime* et *mésolite*, puis la *chabasie* surtout calcaire, et la *scolésite*.

Silicates de métamorphisme. -- Enfin les roches éruptives en venant au jour ont souvent exercé sur les terrains encaissants une action de contact connue sous le nom de *métamorphisme*, qui a eu pour effet d'y provoquer des phénomènes de cristallisation, en modifiant plus ou moins leur structure et leur composition. D'autres fois, par suite d'une réaction inverse, c'est dans la masse éruptive que se sont produites ces modifications sous l'influence des terrains traversés. De là sont nés souvent des éléments nouveaux, des minéraux particuliers qu'on peut ranger sous le nom de *métamorphiques*. Les plus importants sont des silicates d'alumine presque purs, tels que la *mâcle* ou *andalousite* et la *sillimanite*, qui ont pu prendre ainsi naissance dans les schistes sous l'influence de roches granitoïdes riches en silice. Sur les roches calcaires, ces actions métamorphiques se traduisent par une sorte de mélange du carbonate de chaux avec les éléments silicatés du granite, et de là résultent des minéraux nouveaux dont les plus importants sont les *grenats* (silicates d'alumine de chaux et de fer, parfois de magnésie) et la *wollastonite* (silicate de chaux).

Minéraux secondaires ; épigénies. — On sait que les roches d'origine interne ne sont pas toujours le produit d'un acte unique de consolidation ; il en est qui entraînent dans leur masse des cristaux bien développés, de formation antérieure à la consolidation de la pâte. Ces minéraux cristallisés, pendant leur transport dans la roche en mouvement, ont subi des actions mécaniques qui ont eu pour effet de les briser, de dissocier leurs mâcles. L'analyse microscopique montre en effet ces cristaux *anciens*, tordus, incurvés dans le cas de minéraux élastiques comme les micas, cassés avec leurs fragments dispersés dans le magma, dans le cas de substances clivables. Des corrosions profondes atteignant les éléments les plus réfractaires tels que le quartz (*fig.* 5) attestent aussi l'influence d'actions chimiques énergiques, attribuables aux gaz et aux vapeurs mélangés mécaniquement ou en dissolution dans la pâte encore fluide. C'est dans de pareilles conditions que la silice, après avoir été remise en liberté, peut venir tapisser les fissures et les vacuoles d'un grand nombre de roches à l'état de *quartz grenu*, et de *calcédoine*, ou en se combinant avec l'eau, sous forme d'*opale*. On observe aussi fréquemment cette silice *secondaire* épigénisant les feldspaths. Le développement de la *tridymite*, dans la pâte même des roches de la série récente, ou dans leurs vacuoles, n'a pas d'autre origine. Les éléments ferrugineux portent également la trace de ces altérations faites sur place avant ou au moment même de la consolidation de la roche. Il est vraisemblable d'admettre que les phénomènes d'*ouralisation* qui amènent la transformation d'un cristal de pyroxène en amphibole n'ont pas d'autre cause ; les pseudomorphoses de cette catégorie résultant d'une décomposition chimique qui a entraîné un échange d'éléments par voie humide.

A cette première cause d'altération viennent s'en ajouter

d'autres, cette fois très postérieures à la consolidation de la roche et attribuables aux agents extérieurs dont l'action ne peut être négligée. C'est en effet dans de pareilles conditions que se produit la transformation des pyroxènes, et surtout du péridot en *serpentine*, et de même le développement de la *chlorite* aux dépens des éléments noirs (mica noir, amphiboles et pyroxènes), développement qui s'accompagne d'une production d'épidote alors que le fer se sépare sous la forme de grains noirs de magnétite. L'*actinote* peut compter parmi les minéraux les plus fréquents qu'on peut attribuer à ces actions secondaires. Les feldspaths, profondément altérés, se montrent, dans ces conditions, chargés de petites paillettes à polarisation vive (talc?) et de grains de calcite.

De tous ces faits il résulte que les roches ne sont pas stables, qu'elles sont soumises à des transformations incessantes, qui leur prêtent une sorte de vie.

CLASSIFICATION DES ROCHES ÉRUPTIVES

En ne considérant que leur composition chimique, on peut considérer les roches éruptives comme des silicates complexes et les diviser en deux grandes catégories :

1° Les roches *légères* ou *acides*, c'est-à-dire celles très chargées en silice, qui en contiennent une proportion dépassant celle qui convient aux éléments feldspathiques les plus acides, soit à l'orthose (65 à 66 °/₀) ou à l'albite (68 à 69 °/₀). Cette silice en excès s'individualisant sous les différentes formes que peut revêtir le quartz, introduit dans les roches de cette famille, comme nous le verrons plus loin, de précieuses indications pour en distinguer les principales espèces. Avec cette silice libre, ces roches, toujours marquées de colorations claires, ne renferment que des feldspaths à base de potasse et de soude (orthose, microline, oligoclase, albite) qui sont en même temps les plus riches en silice; elles deviennent aussi le lieu de prédilection des micas.

2° Les roches *lourdes ou basiques*, dépourvues de silice en excès, appauvries en alumine et riches en bases, c'est-à-dire en oxydes qui sont principalement ceux du calcium et du magnésium. Leur teneur en acide silicique reste comprise entre 40 et 55 %. Leur teinte foncée, leur grande densité, leur richesse en fer oxydulé sont tout autant de caractères distinctifs. Elles contiennent spécialement les feldspaths à base de chaux *labrador* et *anorthite*, ainsi que des amphigénides (*leucite et népheline*) ; les micas devenus rares ou même absents sont remplacés par des *silicates lourds*, riches en magnésie, en chaux et en fer, les *amphiboles* et les *pyroxènes*, ou exclusivement magnésiens comme le *péridot*.

Mais il est juste d'ajouter qu'entre ces deux séries il n'existe pas de limites tranchées. Les roches d'épanchement, issues toutes non de foyers distincts, mais bien de couches inégalement profondes de la même masse *fluide sphérique*, forment en effet une série continue remarquablement ordonnée, dont les divers termes offrent entre eux des passages graduels. Il convient donc d'introduire, avec M. de Lapparent (1), entre ces deux termes extrêmes de la série éruptive, une catégorie de roches intermédiaires, groupées sous le nom de roches *neutres* et qui sont définies par cette condition que leur te-

(1) DE LAPPARENT, *Traité de Géologie*, 2e édition, p. 552.

neur en silice est comprise entre 50 et 65 %. En fait de silicates alumineux à base alcaline, elles n'admettent guère que l'*oligoclase ;* les éléments micacés sont limités à la *biotite*, et les silicates ferro-magnésiens à la *hornblende* et à l'*augite*.

Age relatif des roches. Série ancienne, série récente. — Ceci posé, si maintenant, nous plaçant à un point de vue plus élevé, nous ne considérons plus les roches seulement comme des agrégats de minéraux, mais bien comme des parties constituantes de l'écorce terrestre, il est un caractère très important, qui permet cette fois de grouper les roches éruptives en deux séries bien tranchées; c'est leur âge, c'est-à-dire l'époque de leurs apparitions successives. Depuis longtemps cette notion d'âge, basée sur la superposition, est le principe fondamental de la classification des formations sédimentaires, il est donc naturel qu'il en soit de même pour celles éruptives.

On sait maintenant, d'après des données précises établies sur les relations des roches éruptives, avec les terrains sédimentaires encaissants, que leurs épanchements, loin de se manifester d'une façon constante pendant toute la durée des temps géologiques, ne se sont produits que d'une façon intermittente, à des intervalles souvent très espacés, séparés par des phases de repos absolu. La longue période qui correspond au dépôt des sédiments jurassiques et crétacés représente précisément une de ces ères de calme pendant laquelle le jeu des éruptions s'est interrompu.

L'histoire éruptive du globe peut se partager de la sorte en deux grandes phases d'importance très inégale. La première comprend toutes les manifestations qui se sont faites avec une grande énergie, depuis la consolidation de l'écorce primitive, pendant toute la durée des temps primaires, en se poursuivant, dans certaines régions, jusqu'au déclin du trias qui marque le début de la période secondaire. Au delà, pendant toute la durée des temps jurassiques crétacés, l'activité interne, qui semble avoir épuisé toute son énergie après les grands épanchements permiens et triasiques, ne se traduit plus que par des émanations, le plus souvent métallifères, qui viennent tapisser de minéraux divers les fentes de l'écorce, ou bien étaler des couches régulières de minerai de fer dans les dépôts stratifiés. Après cette phase *solfatarienne*, suite naturelle des éruptions, c'est à l'époque tertiaire que s'est effectué le réveil de l'activité interne, pour se continuer jusqu'à nos jours où elle se traduit, comme on sait, par les *phénomènes volcaniques*.

Ces deux séries d'éruptions, l'une *ancienne* dont les manifestations ont pris fin avec le trias, l'autre *récente* dont les débuts datent de l'éocène, ne sont pas seulement distinctes par leur âge, mais par la nature des produits épanchés qui ont singulièrement varié avec les époques. Avec une prédominance marquée des types acides, la série ancienne est caractérisée surtout au début, par l'état franchement cristallin de ses roches ; aucune trace de matière amorphe n'y apparaît. Celles vitreuses sont l'exception et ne se présentent que comme le terme extrême d'importantes éruptions de roches porphyriques qui annoncent, aux époques carbonifère et permienne, une diminution notable dans la force de cristallisation de ces roches acides. Toutes portent dans leur sein la trace des agents chimiques en présence desquels s'est faite leur consolidation, et c'est ainsi, sous l'influence des réactions de la voie humide, puissamment aidées, sans doute, par une forte pression, qu'elles ont pris naissance (1). Si dans certains termes de cette série, tels que les porphyrites et les mélaphyres, l'action du feu se révèle par leur état vacuolaire et surtout par leur puissant cortège de tufs et de brèches qui impliquent l'idée d'émissions subaériennes et de projections violentes, ce caractère *volcanique* devient surtout le trait saillant de la série récente. Les roches à éléments vitreux, celles aussi à éléments microlithiques qui n'étaient apparues que tardivement dans les épanchements anciens, deviennent dominantes dans cette seconde série. On sait aussi quelle place y tiennent les roches lourdes, franchement basiques du type basaltique. Celles acides, granitoïdes et porphyriques deviennent exceptionnelles et ne se présentent qu'au début, étroitement localisées à des espaces restreints. Ici encore, dans ces roches cristallines tertiaires ou porphyriques à texture nettement fluidale (*Rhyolithes*), la prédominance du mode vitreux se traduit encore par la présence d'inclusions vitreuses dans les éléments quartzeux et feldspathiques.

Ajoutons que ces derniers et notamment l'orthose qui n'est plus représenté que par sa variété vitreuse, la *sanidine*, par leur apparence craquelée, leur état de fendillement, portent eux-mêmes la trace des actions calorifiques qui ont joué le rôle principal dans la constitution des roches de cette série.

Types fondamentaux de texture. — Ces divisions fondées sur l'ancienneté relative des roches une fois établies, il nous faut maintenant faire intervenir des caractères tirés de

(1) Voir à ce sujet : la note magistrale d'Elie de Beaumont sur les *Émanations volcaniques et métallifères*, Bull. de la soc. géol. de France, 2e série, t. IV. — DE LAPPARENT. *Traité de géologie*, 2e édition, p. 1122.

la *texture*, soit du mode d'association des minéraux intégrants pour établir de grands groupes dans chacune de ces séries. Un magma fluide de composition chimique donnée, en passant à l'état solide, peut, suivant les conditions qui président à sa solidification, engendrer des roches très différentes ; et les variations qui s'introduisent dans sa consolidation sont en fonction de circonstances diverses. On sait, d'une part, que la rapidité du refroidissement devient une cause d'arrêt dans sa cristallisation, de l'autre combien le rôle, si longtemps méconnu des dissolvants, peut être grand pour l'activer. Cette cristallisation peut être complète, comme dans le granite, où n'apparaît aucune trace de matière vitreuse : c'est l'état *granitoïde ;* d'autres fois on constate l'existence d'un résidu amorphe au milieu de minéraux bien spécifiés, de préférence en éléments *microlithiques*, comme dans les trachytes : c'est l'état *trachytoïde ;* enfin la roche peut rester complètement *amorphe* et se comporter comme une masse vitreuse : c'est l'état *vitreux*.

Chacun de ses types fondamentaux de texture devient ensuite susceptible de variétés diverses. Dans le type *granitoïde* (*fig.* 1), qui exclut tout élément amorphe ou même microlithique et ne comprend que les roches entièrement cristallisées dont les éléments bien développés deviennent discernables à l'œil nu, on peut distinguer :

1° Une texture *granitique*, s'appliquant aux roches acides à éléments cristallins largement et également développés comme dans le granite, où le quartz se présente en grains irréguliers, sans formes extérieures cristallines apparentes, offrant, sous le champ du microscope, l'aspect de larges plages, à contours sinueux, douées chacune d'une même orientation optique ;

2° Une texture *granulitique*, où les éléments de la pâte

(dans ce cas, le quartz et le feldspath) au lieu d'être développés en larges plages comme dans le cas précédent, se présentent en petits individus isolés, juxtaposés ayant chacun une orientation propre. En même temps le quartz contracté présente souvent des contours hexagonaux ;

3° Une texture *pegmatoïde* caractérisée par la cristallisation simultanée de deux éléments récents, et leur orientation uniforme. Cette texture a son expression la plus nette dans les pegmatites, où le quartz et le feldspath ont cristallisé l'un dans l'autre en s'orientant ainsi d'une façon uniforme sur de grandes étendues (*fig.* 3) ;

4° Le nom de texture *ophitique* s'applique ensuite à toutes les roches où les cristaux de feldspath s'allongent suivant l'arête pg^1, à la manière des microlithes. C'est le terme de passage avec le type trachytoïde (*fig.* 15).

Variétés porphyriques. — Il est des roches chez lesquelles les deux modes de texture granulitique et pegmatoïde ne deviennent discernables qu'à l'aide du microscope. Ce fait se présente dans certaines roches *porphyriques* où de grands cristaux, bien développés, apparaissent disséminés dans une pâte d'apparence compacte qui fait office de ciment. Quand cette pâte se résout au microscope en une association à grains très fins d'orthose et de quartz distribués sans ordre comme dans les granulites, cette texture prend le nom de *micrognanulitique;* elle devient *micropegmatoïde* quand la combinaison des pegmatites, soit l'orientation dans un sens unique des deux éléments, quartz et feldspath, se trouve réalisée (*fig.* 4).

La texture *trachytoïde*, caractérisée par la séparation bien nette des éléments de première et de seconde consolidation, ces derniers se présentant exclusivement sous la forme de microlithes tantôt bien spécifiés, tantôt groupés en *sphérolithes*, ainsi que par la présence fréquente d'une proportion plus ou moins grande d'une matière amorphe jointe à une texture fluidale, comprend trois types (1).

1° Texture *sphérolithique* ou *globulaire* caractérisée par le développement dans la pâte de globules constitués par des éléments microlithiques quartzeux et feldspathiques, orientés, dans le même sens, de telle sorte que le globule se comporte comme un cristal unique, et s'éteint d'un seul coup, entre les nicols croisés (globules à extinction totale);

2° Texture *pétrosiliceuse*. Dans ce second cas la pâte de nature pétrosiliceuse, c'est-à-dire offrant la composition d'un feldspath sursaturé de silice, devient nettement fluidale, et les sphérolithes radiés qui s'y développent présentent les propriétés optiques de la calcédoine, soit une croix noire qui se déplace quand on fait tourner l'un des nicols (*fig.* 6);

3° Texture *microlithique*, dans laquelle tous les éléments de seconde consolidation se présentent sous la forme microlithique (*fig.* 18).

La texture *vitreuse* s'applique aux verres naturels complètement dépourvus d'action sur la lumière polarisée qui ne présentent d'autres séparations cristallines que ces formes élémentaires, groupées sous le nom de *cristallites*, qui représentent un état intermédiaire entre l'état amorphe et l'état cristallin. Elle devient *perlitique* (*fig.* 9), quand des fentes circulaires ou spiraliformes, occasionnées par le retrait qui accompagne la solidification, amènent la division de la roche en globules perlitiques.

(1) Fouqué et Michel-Lévy, *Minéralogie micrographique*, p. 154.

Spécification des roches. — Ces différents groupes une fois établis pour arriver à la détermination des espèces, il faut s'adresser cette fois à la nature des minéraux intégrants, et c'est alors que la notion de l'*ordre de consolidation* des éléments prend toute son importance. On sait que cette consolidation s'est effectuée le plus souvent en plusieurs stades. Les laves, par exemple, arrivent au jour avec une provision de cristaux bien individualisés, ayant souvent acquis des dimensions assez grandes pour pouvoir être discernés à l'œil nu. La matière lavique qui les cimente, d'apparence homogène et longtemps considérée comme dépourvue de toute trace de cristallinité, se résout au microscope en un riche tissu de minéraux encore bien spécifiés, mais que leurs faibles dimensions ont fait nommer des *microlithes*. Les grands cristaux, distincts à l'œil nu, appartiennent à un premier stade de consolidation qui s'est opéré antérieurement à l'épanchement de la lave, dans des conditions de tranquillité qui leur ont permis d'acquérir, avec leur forme définitive, une structure souvent zonaire indiquant un accroissement lent et régulier. Les éléments microlithiques correspondent à une seconde poussée cristalline contemporaine cette fois de l'épanchement. Dans les coupes minces on les voit alignés sous forme de traînées fluidales, et changeant de direction à la rencontre des cristaux *anciens* du premier stade, on peut se rendre compte de la sorte qu'ils ont été formés dans un liquide en mouvement charriant des minéraux déjà bien constitués.

D'après la nomenclature adoptée par MM. Fouqué et Michel Lévy (1), pour définir chaque roche avec précision c'est à ces

(1) Fouqué et Michel Lévy, *Minéralogie micrographique.*

éléments de *seconde consolidation*, soit de la pâte, qu'il faut s'adresser et de préférence aux éléments blancs. La nature du bisilicate ferrugineux dominant, sert ensuite de qualificatif. Comme exemple nous citerons :

	ANDÉSITE A MICA NOIR	ANDÉSITE A AMPHIBOLE	ANDÉSITE A PYROXÈNE
I. Éléments de première consolidation	Mica, noir dominant, amphibole, labrador, fer oxydulé.	Amphibole dominante, mica noir, pyroxène, labrador, fer oxydulé.	Pyroxène dominant, labrador, fer oxydulé.
II. Élément de seconde consolidation	Microlithes d'oligoclase.	Microlithes d'oligoclase et de magnétite.	Microlithes d'oligoclase d'angite et de magnétite

Sous ce nom d'andésite les auteurs précités ont séparé des trachytes toutes celles de ces roches qui renferment des microlithes d'oligoclase. Ce terme de trachyte reste, par suite, réservé aux roches de ce groupe où les microlithes feldspathiques sont fournis par l'orthose.

Cette spécification des espèces minérales dominantes offre de plus cet intérêt particulier de fournir des données précises sur le caractère chimique des roches ; l'indication de l'*élément blanc*, par exemple, suivant que cet élément est l'orthose, où un plagioclase fait connaître si c'est la potasse ou la chaux qui domine parmi les oxydes des métaux légers, tandis que la base lourde prépondérante est indiquée par la mise en évidence de l'*élément noir* (mica noir, amphibole, pyroxène ou péridot) (1).

(1) De Lapparent, Traité de géologie, 2e édit., p. [illegible].

ÉLÉMENTS DES ROCHES D'ORIGINE INTERNE

I
ESSENTIELS

Éléments blancs

Quartz SiO^2 (acide silicique). — granitique. granulitique. pegmatoïde. globulaire.

Micas — Micas blancs (Muscovite).

Feldspaths.
- Monoclinique — Orthose (Sanidine) $K^2Al^2Si^6O^{16}$.
- tricliniques (plagioclases) — Microcline. $K^2Al^2Si^6O^{16}$. Albite. $Na^2Al^2Si^6O^{16}$. Oligoclase. $(CaNa^2)^2Al^2Si^9O^{26}$. Labrador. $(CaNa^2)Al^2Si^3O^{10}$. Anorthite. $CaAl^2Si^2O^8$.

Feldspathoïdes (Amphigénides) — Néphéline (Éléolite). $(Na, K)^2Al^2Si^2O^8$. Leucite. $K^2Al^2Si^4O^{12}$.

Éléments colorés
(éléments ferro-magnésiens)

Minéraux feuilletés
- **Micas** — Micas noirs (Biotite).
- **Chlorites** — Ripidolite (chlorite écailleuse).

Bisilicates ferrugineux à base de chaux et de magnésie
- **Pyroxènes**
  - monocliniques — Diopside. Diallage. Augite. — $(Ca, Mg, Fe)SiO^3$. (chaux dominante)
  - rhombiques — Enstatite. Hypersthène — $(Fe, Mg, SiO^3$. (magnésie dominante)
- **Amphiboles.** — Actinote. Hornblende. — $(Mg, Ca, Fe)^8Si^9O^{26}$. (proportion égale de magnésie et de chaux)

Péridot. — Olivine. — Mg^2SiO^4 (Silicate exclusivement magnésien).

Magnétite. — (Fer oxydulé). Fe^3O^4.

II
ACCESSOIRES

Silicates des pegmatites et des granulites
- Lépidolite (mica violet fluoré).
- Tourmaline (silicate d'alumine avec fluor et acide borique).
- Émeraude $Gl^3Al^2Si^6O^{18}$.
- Topaze $Al^2Si\ (O,Fl^2)^5$.
- Apatite $Ca^5P^3O^{12}\ (Fl,Cl)$.

Silicates des gneiss et des granites
- Zircon (silicate de zircone).
- Rutile TiO^2 (acide titanique).
- Spinelle $MgAl^2A^4$.
- Cordiérite (Pinite) $Mg^2\ (Al^2\ Fe^2)^2\ Si^5\ O^{18}$.

Oxydes et silicates des roches à amphibole et à pyroxène.
- Sphène Ca Ti Si O^5.
- Ilménite $(Ti,Fe)^2O^3$ (Fer titané).

Silicates des phonolithes et des roches trachytiques.
- Noséane, Haüyne — $(Na^2, Ca)\ Al^2Si^2O^8 + (Ca, Na^2, K^2)SO^4$.

Aluminates et silicates des roches à Péridot (Basaltes, Lherzolithe, etc.)
- Mélilite (silicate alumineux à bases monoxydes, chaux dominante).
- Picotite (spinelle noir) $MgAl^2O^4$.
- Chromite (Fe. Mg) (Cr, Al)$^2O^4$. (Fer chromé).

III
SECONDAIRES

Produits d'altérations et de transformations chimiques
- Quartz (variétés grenues).
- Tridymite (silice orthorhombique).
- Calcédoine (mélange intime de silice amorphe et de quartz cristallisé).
- Opale (silice hydratée amorphe).
- Epidote $H^2Ca^4(Al, Fe)^6Si^6O^{26}$.
- Chlorites (Phyllites, hydratées, souples, non élastiques).
- Talc. $H^2Mg^3Si^4O^{12}$, Serpentine. $H^4Mg^3Si^2O^9$ — Silicates, hydratés de magnésie.

IV
MÉTAMORPHIQUES

Silicates d'alumine anhydres
- Andalousite (mâcle). Al^2SiO^5.
- Disthène. Al^2SiO^5.
- Sillimanite. $Al^{16}Si^9O^{12}$.
- Staurotide. $(AlFe)^8Si^3O^{18}$.

Silicates non exclusivement alumineux — Grenats
- Grossulaire (G. alumineux)
- Mélanite G. (alumineux).
- Idocrase (G. quadratique).

Corindon. Al^2O^3.

Silicates hydratés
- Clintonite (Phyllite cassante).
- Wollastonite (Zéolite sodico-calcique)

V
SILICATES des AMYGDALES

Zéolites (Silicates hydratés)
- Mésotype (Z. sodique).
- Analcime (Z. sodico-calcique).
- Apophyllite (Z. calcico-potassique).
- Chabasie, Stilbite — (Z. à base de chaux, de potasse et de soude).
- Scolésite (Z. calcifère).
- Harmotome (Z. barytique).

Carbonate de chaux Ca Co^2
- Rhomboédrique. Calcite.
- Rhombique. Aragonite.

ROCHES ÉRUPTIVES

Série ancienne

I

ROCHES ACIDES GRANITOÏDES & PORPHYRIQUES

I Roches granitoïdes — Succession continue dans la cristallisation sans intervalle brusque.	Quartz dépourvu de formes cristallines appréciables, en plages à contours sinueux, moulant les éléments feldspathiques et micacés. 1 mica (M. brun, *biotite*).		Granite.
	Quartz présentant une tendance bien nette à l'individualisation. 2 micas *muscovite* *biotite*	Quartz pourvu de formes extérieures cristallines.	Granulite.
		Quartz complètement individualisé allongé suivant les arêtes du prisme.	Pegmatite.
II Roches porphyriques — Deux temps de consolidation bien marqués.	Structure Microgranulitique.	Magma de seconde consolidation entièrement cristallisé, constitué par une association microgranulitique de quartz et d'orthose, sans ordre. Les éléments quartzeux souvent prédominants.	Microgranulite. Porphyre granitoïde (p. quartzifère.) *pro parte*.
	Structure Micropegmatoïde.	Association micro-pegmatoïde des mêmes éléments, cette fois ordonnés.	Micropegmatite
	Structure concrétionnée	Dans le magma de seconde consolidation, souvent entièrement cristallisé, développement de sphérolithes quartzo-feldspathiques à extinction totale.	Porphyre globulaire (p. quartzifère) *pro parte*.
		Matière amorphe, plus ou moins abondante, avec développement de sphérolithes radiés à croix noire.	Porphyre pétrosiliceux ; Pyroméride.
	Structure vitreuse.	Matière vitreuse prédominante avec développement de cristallites et fissures perlithiques.	Pechstein.

PREMIER GROUPE : — *Roches granitoïdes micacées.*

Granite

Agrégat cristallin à éléments bien définis, constitué essentiellement par trois minéraux, *quartz*, *feldspath* et *mica noir*, réunis par simple juxtaposition.

L'analyse microscopique ajoute à cette composition fort simple du granite un certain nombre d'éléments accessoires, dont la proportion varie : zircon, apatite, magnétite; sphène et fer titané quand l'amphibole s'associe au mica noir. L'ordre de consolidation des éléments du granite est réglé ainsi qu'il suit :

— Zircon, apatite, magnétite ;
— Sphène, ilménite ;
— Mica noir (hornblende quand elle existe) ;
— Oligoclase, orthose ;
— Quartz granitique.

Le mica noir, antérieur aux éléments feldspathiques et quartzeux, se présente en lamelles frangées, contournées, rarement pourvues de contours hexagonaux et distribués sans ordre, dans toute la masse. Les éléments accidentels y sont, le plus souvent, contenus à l'état d'inclusions. L'orthose, toujours prédominant, se présente en cristaux rectangulaires, blancs ou rosés, avec plans de clivages miroitants et la mâcle de Carlsbad caractéristique. L'oligoclase, en cristaux moins développés, sans contours propres, striés sur les faces de clivages, est ordinairement plus altéré que l'orthose. Quand l'amphibole s'associe au mica noir, elle se présente en prismes noirs ou d'un vert foncé, aiguillés, associés aux éléments feldspathiques.

Le quartz, qui représente la silice en excès, restée libre jusqu'au dernier moment, forme, à l'œil nu, de gros grains vitreux, le plus souvent grisâtres ou enfumés, et au microscope, dans les sections minces, de grandes plages à contours sinueux, sans formes géométriques appréciables, moulées sur tous les autres éléments cristallins; ces plages se montrent traversées par des files irrégulières d'inclusions remplies par des subs-

TEXTURE GRANITIQUE

FIG. 1. — GRANITE DES HAUTES-CHAUMES (VOSGES).
Gross' 80 diam. Lumière polarisée; nicols croisés.
1, Zircon ; 2, Mica noir ; 3, Oligoclase ; 4, Orthose ; 5, Quartz granitique.

tances gazeuses (pores à gaz), des liquides chlorurés (inclusions avec cristaux cubiques de chlorure de sodium), ou de l'acide carbonique condensé (inclusions avec libelle spontanément mobile); circonstances qui excluent pour le granite l'hypothèse d'une origine ignée.

Caractères distinctifs avec la granulite. — On sépare maintenant du granite, sous le nom de granulite, une roche plus acide caractérisée par la présence du mica blanc potassique (muscovite) et par l'état particulier du quartz qui se contracte et tend à prendre des formes extérieures cristallines.

Principales variétés. — L'agencement des éléments dans le granite reste toujours irrégulier, mais la grosseur du grain est soumise à de grandes variations; la variété la plus répandue dite *Granite commun ou à grain fin*, formée de cristaux de dimension réduite, bien calibrés, prend son type dans le granite dit de Vire, largement exploité dans le Calvados, le Cotentin, l'Ille-et-Vilaine et employé pour les trottoirs de Paris. Le *granite* est ensuite rendu *porphyroïde* quand de grands cristaux d'orthose tranchent sur la pâte cristalline; à ce type, qui paraît plus récent que le précédent, appartiennent les granites porphyroïdes de la rade de Brest, de Pont-Aven et d'Hennebont (Bretagne), ceux de Cherbourg (Cotentin), de Lormes (Morvan), de Saint-Quentin (Puy-de-Dôme). On le dit ensuite *gneissique* quand ces éléments offrent une tendance à l'orientation, déterminée, comme dans le gneiss, par l'alignement du mica. Enfin le granite devient *euritique* (*microgranite*) quand son grain est assez fin pour qu'on ne puisse discerner qu'à la loupe ses éléments constituants.

Granite à amphibole. — Parmi les variétés qui tiennent ensuite à des modifications dans la composition du granite, la plus importante est le *Granite à amphibole* dans lequel l'*hornblende* vient se substituer en tout ou partie au mica noir; l'oligoclase devient alors prédominant et le sphène abondant. C'est ce granite, très répandu dans les Vosges, qui forme les ballons de Servance et d'Alsace; on l'observe aussi très développé dans le massif de la Bresse, et dans les chaînes secondaires (Plombières-les-Bains) où il sert de support aux grès bigarrés. De grands massifs sont ensuite à signaler dans le Poitou où un granite à amphibole riche en sphène, affleure dans les vallées de la Vienne, de la Blourde, et de la Franche-d'Oire, puis dans le Cotentin, le Beaujolais et l'Auvergne ; dans toutes ces régions il apparaît plus récent que le granite franc. Le nom de *Granite syénitique* convient ensuite aux granites riches en hornblende, dépourvus de mica et très pauvres en quartz, qui deviennent par suite un terme de passage avec les syénites.

Age du granite. — Le granite représente la roche éruptive la plus ancienne. La présence de galets et de blocs roulés d'un granite à grain fin, identique à celui qui forme les îles Chaussey dans les conglomérats archéens de Granville, sur la côte ouest du Cotentin, atteste, en effet, que les premières émissions granitiques sont antérieures aux phyllades archéens, soit aux couches les plus anciennes de la série sédimentaire, et peuvent être considérées comme contemporaines des phénomènes de ridement et de dislocation qui ont présidé, après la consolidation définitive du terrain primitif, à la formation des bassins dans lesquels se sont effectués ces dépôts archéens. Les émissions granitiques ne sont pas limitées à cette première éruption ; elles se sont poursuivies à diverses reprises pendant la période primaire en donnant lieu à des roches de composition diverse, différentes du granite ancien, et qui se rapprochent de plus en plus de la granulite.

Dans le Cotentin, par exemple, le granite de Vire riche en orthose blanc, en oligoclase verdâtre et en mica noir souvent hexagonal, envoie, en divers points, des ramifications nombreuses dans les phyllades et les grauwackes archéennes ; ces pénétrations sont bien nettes dans le rocher qui supporte le vieux château de Vire.

En Bretagne, où ces pénétrations des granites au travers des terrains paléozoïques sont nombreuses, on rencontre, près de Morlaix, un granite plus récent, riche en microcline, qui pénètre au travers des schistes dévoniens en les chargeant de mica et de corindon.

C'est ensuite un granite rendu porphyroïde par le développement qu'y prennent de grands cristaux d'orthose, avec quartz granulitique qui traverse, dans les environs de Rostrenen, toute la série sédimentaire jusqu'aux schistes carbonifères de Châteaulin ; ces derniers deviennent mâclifères, au contact, au même titre que les schistes à Calymènes du Silurien moyen, où l'on peut voir la coexistence de grands cristaux d'andalousite avec les trilobites (Salles de Rohan).

Dans les Vosges, le granite qui traverse les schistes anciens de la vallée d'Andlau (*schistes de Steige*) est également porphyroïde, riche en grands cristaux d'orthose d'un rouge de chair, et, de plus, à quartz pourvu souvent de contours hexagonaux.

Actions métamorphiques des granites sur les roches encaissantes. — Au travers des gneiss, les pénétrations multiples du granite font naître, par suite d'un développement postérieur de quartz et d'orthose, des roches compactes (*leptynite, gneiss granitique*), qui perdent l'allure rubannée du gneiss et ne se distinguent plus du granite que par l'état du mica toujours déchiqueté, et sa disposition en traînées gneissiques disloquées. Quand deux roches acides se touchent, il se produit, en effet, des zones de passage où les caractères des deux roches sont mélangés.

Sur les schistes paléozoïques de composition déterminée, l'action métamorphique du granite, bien définie par MM. Rosenbusch dans les Vosges, Ch. Barrois en Bretagne, se résume dans la formation des trois auréoles successives de plus en plus modifiées à mesure qu'on se rapproche du granite.

Dans la zone de contact, les phyllades archéens perdent leur schistosité et se montrent transformés en une *cornéenne* compacte (*Hornfels*) dans laquelle on rencontre, avec un grand développement de quartz, de l'andalousite, du mica, parfois de la cordiérite et du grenat. A cette première zône succède une auréole de schistes, très micacés, marqués de petits nodules noirâtres formés par la concentration des parties charbonneuses du schiste (*schistes micacés noduleux*). Enfin, dans la troisième zône, qui forme le passage avec les schistes non modifiés, ces nodules noirâtres subsistent seuls (*schistes noduleux*), avec, parfois, des cristaux d'andalousite dont le développement peut se poursuivre ainsi dans les trois zones métamorphiques.

Sur les schistes siluriens, dévoniens et carbonifères de Bretagne, d'après les observations de M. Ch. Barrois, ce métamorphisme consiste en une transformation progressive du schiste argileux, en un phyllade noduleux chargé de chiastolite qui porte habituellement le nom de *mâcline* ou *schiste mâclifère*. Ces schistes deviennent d'abord *tachetés* par suite d'une concentration des particules charbonneuses, et se montrent remplis de mica noir ; puis la schistolite se développe, en donnant lieu à des schistes maclifères, sur une étendue qui peut atteindre de 2 à 3 kilomètres, dans la direction de la schistosité ; elle est moindre dans le sens opposé. Les grès, plus réfractaires à l'action du granite, deviennent, sur une distance qui ne dépasse guère une cinquantaine de mètres, des *quartzites micacés* avec, parfois, développement de sillimanite. Il en est ainsi pour les grès armoricains qui, au contact du granite porphyroïde de Rostrenen, se montrent transformés en *quartzites micacés à sillimanite* (1).

Principaux gisements. — Le granite forme dans tous les points où on l'observe des massifs puissants, souvent très étendus. On ne l'observe jamais en filons minces très étendus, comme la granulite. Ses pénétrations au travers des gneiss et des micaschistes sont multiples et c'est alors dans la zône de contact qu'on observe, englobés dans la masse du granite, des fragments anguleux de ces diverses roches, de dimensions variables et profondément modifiés (Mt Pilat, Mt Lozère, etc.).

En France, le granite prend une large part à la constitution du Plateau central, notamment dans la partie médiane où on l'observe sous les deux états (granite gris et g. porphyroïde).

De grands massifs sont ensuite à signaler dans les annexes de ce plateau, les Cévennes d'une part, le Morvan de l'autre. Il prend aussi une large part, dans la composition du massif des Ballons, dans les Vosges, et de même dans les parties centrales des Pyrénées où de belles variétés de granite porphyroïde s'observent dans le massif de la Maladetta, et surtout dans la région des lacs glacés (Lac de Saounsat, pic Quairat, crête des Spijols) au travers des gneiss.

En Bretagne, on peut ensuite signaler son développement dans les deux plateaux (les Cornouailles et le Léon) limitrophes de la péninsule. Le granite à grain fin du type de Vire s'y poursuit largement, notamment dans les environs de Fougères;

(1) Ch. Barrois, *Le Granite de Rostrenen et ses contacts.* — *Ann. de la Soc. Géol. du Nord*, t. XII. 1881.

de remarquables massifs de granite porphyroïde plus récent s'observent ensuite dans le plateau méridional (Cornouailles) où ils se disposent par bandes alignées 104° ; dans celui de Rostrenen, qui vient s'intercaler entre la chaîne des Montagnes noires et les Montagnes de Quénécan, les cristaux d'orthose peuvent atteindre 0m,10.

Dans le Cotentin, le granite à grain fin prédominant apparaît en longues bandes orientées à peu près de l'est à l'ouest, en donnant lieu à de grandes exploitations, notamment à Mont-joie entre Vire et Saint-Pois. Des granites porphyroïdes plus récents sont ensuite à signaler à Flamanville et à Cherbourg.

Sur la côte ouest du Cotentin c'est le granite ancien engagé à l'état de galets dans les conglomérats archéens de Granville qui forme à lui seul l'archipel des *Chaussey;* à mer haute les cinquante-trois îles qui composent cet archipel ne sont autres que les parties surélevées d'un grand massif granitique submergé ; à mer basse en effet, la plupart se rejoignent et l'on peut aller à pied de la grande île à celle des oiseaux ; d'autres îlots se montrent à découvert et de tous côtés on ne voit que des écueils, aux formes les plus bizarres, dont le nombre s'élève à plus de deux cents.

Régions étrangères. — Grande-Bretagne (district des lacs) ; Écosse (où le granite est plus souvent amphibolique) ; Saxe et Bohême (granite porphyroïde de *Carlsbad*); Norwège.

Granulite

(GRANITE A DEUX MICAS)

Roche granitoïde, de coloration plus claire que le granite, caractérisée par la présence du mica potassique blanc d'argent (*muscovite*), et surtout par l'état plus contracté de son quartz, qui prend des formes extérieures cristallines.

Un des traits encore caractéristique de cette roche, plus acide que le granite (72 0/0 de silice), est l'abondance et la nature exceptionnelle des minéraux accessoires enclavés, particulièrement riches en dissolvants (acide phosphorique, fluor, acide borique, acide titanique). Ces minéraux sont d'abordla *tourmaline* (boro-silicate fluorifère d'alumine) qui peut compter en raison de sa fréquence comme un élément caractéristique de la granulite au même titre que le mica blanc ; puis l'*émeraude* (silicate d'alumine et de glucine); la *topaze* qui contient jusqu'à 17 0/0 de fluor; le *zircon* (silicate de zircone); le *sphène* (silico-titanate de chaux); l'*apatite* (chlorophosphate de chaux) etc., en un mot tous les minéraux fluorés et boratés qui accompagnent les gîtes d'étain. Le mica blanc est lui-même riche en fluor et souvent lithinifère (*lépidolithe*), on sait aussi que cette roche est le siège principal des gîtes stannifères, où l'oxyde d'étain (cassitérite), toujours associé à des composés fluorés (fluosilicates, fluophosphates), est vraisemblablement venu lui-même au jour à l'état de fluorure.

En classant les minéraux habituels de la granulite par ordre d'apparition, on a la série suivante :

— Apatite, zircon, magnétite.
— Biotite.
— Oligoclase, orthose, microcline avec filonnets d'albite ou de quartz.
— Mica blanc, quartz granulitique.

Quant aux minéraux accessoires, cités plus haut, dont le nombre et la nature varient suivant les divers massifs granulitiques considérés, ils sont toujours de consolidation antérieure à celle des éléments feldspathiques.

TEXTURE GRANULITIQUE

FIG. 2. — GRANULITE DE LA GUYANE FRANÇAISE.
Gross. 80 diam. lumière polarisée; nicols croisés.
11, Mica noir; 6, orthose; 9, oligoclase; 7, microcline avec filonnets d'albite; 10, mica blanc; 2, quartz granulitique.

Le feldspath potassique (orthose ou microcline) devient dans la granulite l'élément feldspathique dominant; le quartz, jouant toujours dans la roche le rôle de ciment, au lieu de former, comme dans le granite, des plages très étendues, à contours sinueux, se rétracte et se décompose en grains cristallins juxtaposés ayant chacun une orientation propre et le plus souvent des contours géométriques, notamment quand il est concentré au milieu du feldspath. Le microcline parfois très abondant apparaît en grandes plages avec la structure quadrillée caractéristique, due à l'association intime des mâcles de l'albite et du périkline (*fig.* 2).

Principales variétés. — La granulite présente de nombreuses variétés qui tiennent soit à des particularités de texture, soit à des différences dans la composition.

Variétés de texture : Aplite. — Granulite euritique, à grain très fin, presque dépourvue de mica, qui semble, à l'œil nu, uniquement constituée par du feldspath, bien que le quartz, en grains cristallins miscroscopiques, soit très abondant.

Pegmatite. — Cette variété, de beaucoup la plus importante, peut être considérée comme une granulite à grandes parties, c'est-à-dire largement cristallisée. Le quartz et le feldspath de coloration claire (blanc ou rosé) semblent alors engagés l'un dans l'autre ; le mica blanc se montre concentré, par places, soit en lamelles hexagonales empilées d'un blanc d'argent pouvant atteindre une grande dimension (pegmatites de l'Oural et des Pyrénées, St-Antoine, Ax), soit sous forme de groupes palmés (pegmatite de Luchon, Lés et Loucrup dans les Pyrénées).

Le quartz des pegmatites, en cristaux allongés à la manière du quartz des druses, c'est-à-dire suivant les faces du prisme, a cristallisé simultanément avec le feldspath, et tous les cristaux engagés dans le feldspath ont une orientation uniforme. On donne ensuite le nom de *pegmatite graphique* à une variété de pegmatite dans laquelle de petits cristaux de quartz apparaissent sur les clivages de l'orthose ou du microcline, sous forme de coins alignés, simulant tantôt des caractères cunéiformes, tantôt des lettres hébraïques.

TEXTURE PEGMATOÏDE

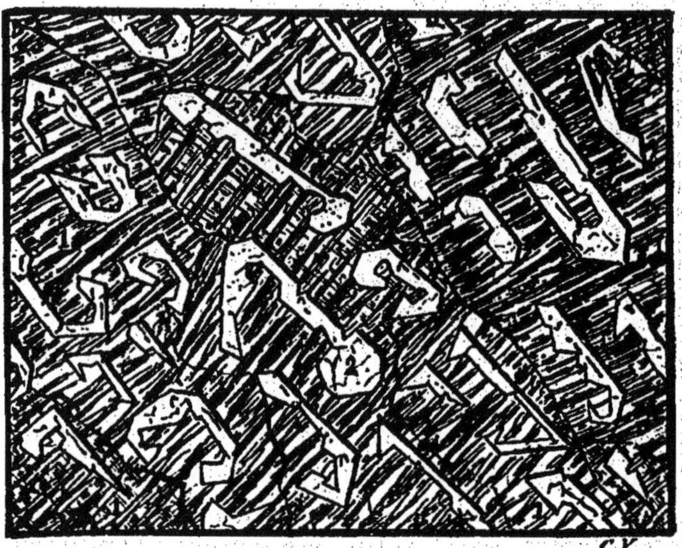

FIG. 3. — PEGMATITE DE SAINT-NABORD (VOSGES).
Gross. 30 diam. Lumière polarisée, Nicols croisés.
Microcline (1); Quartz pegmatoïde (2).

Cette roche se présente en amas au milieu des massifs granulitiques vosgiens, ainsi qu'en filons, toujours en relation directe avec ces mêmes massifs, dont elle représente ainsi une sécrétion filonienne.

Cette figure est destinée à montrer les relations du quartz et du microcline, qui sont, dans la pegmatite, de consolidation simultanée. Le quartz est alors allongé suivant les faces du prisme et, dans chaque plage feldspathique, tous ses cristaux engagés sont orientés dans le même sens.

La pegmatite se présente en filons ou en en amas subordonnés aux massifs de granulite : c'est de préférence dans cette roche que se présentent les minéraux accessoires, précédemment cités, en particulier la tourmaline, l'émeraude, le grenat qui s'observent souvent, tapissant les parois de cavités géodiques.

Variétés de composition : Hyalomicte ou Greisen. — Uniquement composée de quartz granulitique et de mica blanc. C'est principalement dans cette granulite, privée de felspath, que se tiennent les gîtes stannifères (Zinwald, en Saxe).

Tourmalinite. — Roche accidentelle, formée de quartz et de tourmaline.

Luxulianite. — Fines aiguilles de tourmaline, associées à des éléments quartzeux et feldspathiques (orthose ou microcline) très réduits.

Granulite à amphibole. — L'horblende remplace le mica noir; l'augite se présente également dans de pareilles conditions en donnant lieu à des *granulites à augite.*

Actions métamorphiques de la Granulite

En traversant les roches du terrain primitif, circonstance qui se produit fréquemment, on observe fréquemment la granulite injectée, feuillet par feuillet, sur de grandes étendues dans les roches de cette série, qui deviennent par suite *granulitiques.* Il en est de même pour le granite qu'elle traverse en de nombreux points, en trahissant ainsi sa postériorité, et qui se transforme, au contact, en *granite granulitique* chargé de mica blanc.

En Bretagne, ces injections de granulite s'observent très fréquentes dans les phyllades de Saint-Lô, qui deviennent *maclifères* sur de grandes étendues (Finistère) ; il en est de même pour les schistes à Calymènes et à Trinucleus du Silurien moyen, dans le Morbihan. Dans cette région, elle forme un important massif, aux environs de Guéméné, où elle se montre nettement postérieure au grès armoricain à Bilobites. Cette roche clastique, fossilifère, composée de grains brisés de quartz, cimentés par du mica blanc ou des matières argilo-ferrugineuses, a subi au contact de la granulite une série de transformations métamorphiques intéressantes dont les diverses phases ont été bien mises en lumière par M. Ch. Barrois. Au contact, on observe une injection des éléments mêmes de la granulite (feldspaths, quartz et mica blanc) disposés en filaments discontinus (*Grès granulitique* à texture rubannée rappelant celle des gneiss). Plus loin, la sillimanite et la cordiérite s'ajoutent aux éléments précédents; en dernier lieu, on observe, dans le grès métamorphique, un réseau de mica noir.

Dans le Morvan, des filons plus récents de granulite pénètrent dans les schistes dévoniens de Cussy.

Principaux gisements. — La granulite est de beaucoup la roche éruptive la plus répandue; elle forme partout où on

FIG. 4. — MASSIF GRANULITIQUE ENCLAVÉ DANS LE GNEISS, SUR LES RIVES DE L'OYAPOCK (HAUTE-GUYANE FRANÇAISE).

l'observe de puissants massifs se signalant par leurs formes arrondies (chaîne du Blond dans le Limousin) et se présente également en filons minces, très étendus; c'est alors qu'elle prend, par suite d'une cristallisation rapide, la texture à grain fin réalisée dans les *Aplites*.

En *France*, la granulite apparaît, dans le Morvan, en

longues bandes orientées N.-O. S.-E., en présentant de remarquables accidents pegmatoïdes aux environs d'Autun, ainsi que dans le centre du massif entre Quarré-les-Tombes, La Roche-en-Brénil et Saint-Brisson.

Très développée également dans le *Plateau central* elle forme, dans le Limousin, des chaînes en forme de dômes arrondis, qui s'élèvent notablement au-dessus du gneiss encaissant (chaîne du Blond, chaîne du mont Odouze); des *pegmatites* remarquables par le développement que prennent de grands cristaux d'émeraude lithoïde pouvant atteindre plusieurs mètres de long, avec de grands gîtes de *kaolin*, s'observent ensuite aux environs de Limoges.

Dans les *Cévennes*, la granulite, toujours postérieure au granite, s'élève au travers des schistes à séricite qui se chargent de tourmaline, et se transforme en une roche compacte silicifiée.

Très répandue également dans les *Vosges*, elle prend une large part à la constitution du massif des Ballons et des chaînes secondaires où elle sert de support aux grès triasiques (pegmatites avec mica palmé à St-Nabord, pegmatites graphiques à l'étang d'Hucher, près de Remiremont).

Dans le *Cotentin*, la granulite souvent tourmalinifère est très développée aux environs d'Avranches et du Mont Saint-Michel. Les pegmatites d'Alençon se sont également rendues célèbres par la dimension de leurs grands cristaux d'émeraude.

En *Bretagne*, ces mêmes roches sont très répandues, dans le Finistère et le Morbihan (Granulite tourmalinifère à Roscoff.) Dans la région de Pont-Labbé notamment l'extension prise par une granulite blanche à grain fin, tantôt massive, tantôt feuilletée, est à noter ; de remarquables accidents pegmatoïdes s'observent à Penmarck, et à Pen-am-Prat où des variétés graphiques se montrent riches en grenat et en tourmaline. Dans les falaises de l'anse de Benodet à Bettene Morguet et à Pennador en Loctudy, M. Ch. Barrois la signale renfermant des blocs volumineux de granite porphyroïde, au travers duquel cette granulite a frayé sa voie.

La granulite apparaît ensuite en de nombreux points de la chaîne des *Pyrénées*, et les pegmatites à grandes parties et à mica blanc palmé s'observent principalement aux environs de Luchon et de Cauterets. C'est à cette roche qu'il faut attribuer la transformation fréquente des dépôts schisteux siluriens de cette région en schistes mâclifères.

Régions étrangères ; Saxe. — Grands massifs et nombreux amas de pegmatite tourmalinifère.

Palestine. — Massif central du Sinaï constitué de même par des granulites et des pegmatites tourmalinifères.

Sibérie orientale et *Amérique méridionale* (*Guyane*). — Granulites et pegmatites identiques à celles des Vosges.

Les *granulites métallifères*, avec cassitérite, wolfram, mispickel, parfois un peu d'or, et grand développement de tourmaline, d'émeraude, de topaze, prennent ensuite leur plus grand développement : en Saxe, à Geyer et Zinwald ; en Bohême, à Altenbert ; en Angleterre, dans les Cornouailles où les granulites stannifères s'observent au travers des schistes dévoniens ; en France, dans le Limousin, sur les deux versants de la chaîne granulitique du Blond ; dans la Creuse, à Montebras ; dans la Haute-Vienne, à Chanteloube, où la cassitérite est tantalifère ; enfin dans le Morbihan on trouve, dans le gîte de Villeder, une reproduction exacte des gîtes stannifères saxons, soit des amas enchevêtrés et des imprégnations qui représentent des réseaux de fentes ouvertes au travers d'une granulite riche en mica blanc.

Protogine

La granulite subit dans les Alpes une modification importante qui lui a valu le nom de *Protogine.*

Au bourg d'Oisans, sur le chemin de Venose, on voit surgir des filons de granulite au travers des micaschistes; en pénétrant ensuite dans les schistes amphiboliques et les chloritoschistes situés au-dessus, leurs caractères se modifient : les *micas* se chargent de chlorite et deviennent d'un vert terne, en même temps les éléments feldspathiques (oligoclase, orthose et microcline), devenus ferrugineux, prennent des teintes vertes ou rosées. La même transformation d'une granulite restant massive au travers des gneiss, en protogine, quand elle s'enchevêtre avec les schistes chloriteux ou amphiboliques, se montre encore plus nettement dans les parties centrales du massif du Pelvoux, entre les Étages et la Bérarde.

Fréquemment la protogine, en alternant ainsi avec les schistes chloriteux, prend une allure stratiforme, ses éléments sont alors nettement orientés. Il en est ainsi, dans le massif du Pelvoux, entre la Grave et la Vallouise. Cette allure est surtout bien nette dans le massif du Mont-Blanc où la protogine stratiforme, disposée en éventail, est intimement liée à des schistes chloriteux et amphiboliques.

La protogine peut être ainsi définie comme une granulite modifiée par endomorphisme, à son passage au travers des schistes amphiboliques et chloriteux. En même temps, ces schistes traversés se sont trouvés feldspathisés. Il est donc vraisemblable d'admettre, avec M. Lory, que ces émissions granulitiques sont contemporaines de la formation des schistes chloriteux.

La protogine est ainsi une roche granulitique, caractérisée par la présence d'un mica vert chloriteux, longtemps confondu avec du talc. L'orthose s'y présente en grands cristaux rectangulaires d'un blanc opaque ou rosé, bien terminés, simples ou le plus souvent mâclés ; le quartz en grains vitreux étirés et souvent pourvus de facettes cristallines, est aussi très distinct. L'oligoclase fournit de petits cristaux vitreux fréquemment altérés.

Sa composition, établie d'après un échantillon pris dans les carrières du bourg d'Oisans où la protogine est exploitée comme pierre de taille est la suivante :

Mica vert chloriteux ; accessoirement, magnétite, sphène.
Oligoclase, orthose, microcline.
Quartz granulitique.

Gisements. — La protogine, qui prend une large part à la constitution des Alpes françaises (massif du Mont-Blanc et du Pelvoux), joue aussi un rôle considérable dans le massif des Alpes Bernoises.

II

Deuxième groupe. — *Roches porphyriques*

Structure Microgranulitique.	Magma de seconde consolidation entièrement cristallisé, constitué par une association microgranulitique de quartz et d'orthose, sans ordre, avec prédominance fréquente de l'élément quartzeux.	**Microgranulite** Porphyre granitoïde (porphyre quartzifère *pro parte*).	Deux temps de consolidation bien marqués.
Structure micropegmatoïde	Association micro-pegmatoïde des mêmes éléments, cette fois ordonnés et orientés dans un sens unique.	**Micropegmatite.**	
Structure concrétionnée	Dans le magma de seconde consolidation, souvent entièrement cristallisé, développement de sphérolithes quartzo-feldspathiques, à extinction totale.	**Porphyre globulaire.** (porphyre quartzifère *pro parte*.)	
	Matière amorphe prédominante avec développement de sphérolithes radiés à croix noire.	**Porphyre pétrosiliceux; Pyroméride.**	
Structure vitreuse.	Matière vitreuse avec développement de cristallites et fissures perlitiques.	**Pechstein** Porphyre vitreux	

Toutes ces roches qui se présentent en filons, ou bien épanchées en nappes simulant de véritables coulées, ont pour trait caractéristique ce fait que leurs éléments appartiennent à deux stades de consolidation bien marqués. Les cristaux anciens, toujours corrodés et brisés (quartz dihexaédrique, orthose et mica noir prédominant; plus rarement oligoclase, amphibole et pyroxène), nombreux et très développés dans les microgranulites, très réduits, avec prédominance bien marquée du quartz, dans les porphyres globulaires, apparaissent cimentés dans une pâte, toujours marquée de colorations claires, d'apparence amorphe, et qui prend dans les porphyres pétrosiliceux un grand développement.

Cette pâte, qui représente le magma de seconde consolidation et devient le trait saillant, distinctif, de ces diverses roches,

TEXTURE MICROPEGMATOIDE

Fig. 4. — Micropegmatite de Nertchinsk (Sibérie orientale).
I — 1, mica noir; 2, orthose; 3, oligoclase; 4, quartz dihexaédrique.
II — 5, Micropegmatite; 6, quartz granulitique.
Gross^t. 80 diam., lumière polarisée, nicols croisés

se présente, quand on l'examine au microscope, sous des aspects bien différents suivant qu'on considère l'une ou l'autre de leurs variétés :

Microgranulites. — Dans les *Microgranulites* elle est entièrement cristallisée et se montre constituée par une association de petits cristaux, très réduits, de quartz et d'orthose, distribués sans ordre ; le quartz, avec apparence grenue, sans formes propres, est parfois prédominant ; l'orthose peut, dans quelques cas, se traduire par ses formes rectangulaires.

Micro-pegmatite. — Parfois une cristallisation simultanée du quartz et de l'orthose donne lieu à des associations, toujours très réduites comme dimensions, mais en tous points comparables à celles réalisées dans les pegmatites. Dans ce cas, le quartz allongé suivant les faces du prisme, pourvu de formes cristallines bien nettes, apparaît en trémies ou en sections triangulaires, dans les plages feldspathiques bien développées. La proportion de ces plages de micropegmatite est très variable, parfois elles forment tout le ciment de la roche : le plus souvent elles sont accompagnées d'une association microgranulitique de quartz et d'orthose. Ces plages, dans ce cas, se développent de préférence autour des cristaux anciens de quartz et de feldspath.

Porphyres globulaires. — Dans les porphyres globulaires la séparation de la silice et du feldspath dans le magma pétrosiliceux se fait différemment. Des phénomènes de concrétion amènent la formation de globules, constitués encore par des cristaux de quartz allongés et de feldspath ; ces éléments se présentant orientés dans le même sens, le globule se comporte comme un cristal unique et s'éteint d'un seul coup dans la lumière polarisée (globules à extinction totale). Ce phénomène est surtout bien accusé, quand l'élément quartzeux prédomine, et c'est le cas le plus fréquent. Ces sphérolithes quartzeux à extinction totale se développent alors de préférence autour des cristaux anciens de feldspath et surtout de quartz. Dans les variétés où le feldspath entre dans une proportion notable dans la constitution de ces globules on peut les considérer comme des micropegmatites à étoilement. Quand le quartz prédomine, la structure concrétionnée s'accentue et les globules prennent une apparence zonée. C'est alors le type le plus complet du porphyre globulaire (Villargoix, Morvan).

La formation de ces globules est le plus souvent accompagnée d'un développement, dans le magma de seconde consolidation, de quartz granulitique, de telle sorte que la pâte de la roche peut être encore entièrement cristallisée. C'est alors cette variété qui forme le passage avec les microgranulites. D'autres fois une proportion notable de matière amorphe pétrosiliceuse reste dans le magma.

Porphyre pétrosiliceux. — Ces porphyres ont pour trait caractéristique la présence constante, dans la pâte, d'un résidu amorphe de nature pétrosiliceuse, c'est-à-dire offrant la composition d'un feldspath sursaturé de silice, et le développement de sphérolithes radiés, présentant les propriétés optiques de la calcédoine, soit une croix noire qui se déplace avec les nicols, dans la lumière polarisée. Les éléments qui entrent dans la constitution de ces sphérolithes sont encore le quartz et le feldspath en proportion variable, mais toujours associés à de la matière amorphe. Quand le quartz prédomine, circonstance fréquemment réalisée, les branches de la croix noires sont très nettes ; si la proportion de matière amorphe ou de feldspath est plus forte les bords de la croix sont estompés. La matière amorphe, dans la pâte, dessine des zônes de fluidalité bien marquée, les unes incolores, les autres marquées de granulations opaques. C'est dans ces bandes d'apparence laiteuse que se développent les sphérolithes radiés à croix noire caractéristiques, alors que dans les bandes incolores on remarque, avec des cristallites, des fissures perlitiques.

TEXTURE PORPHYRIQUE

FIG. 5. — PORPHYRE PÉTROSILICEUX DE L'HÔTE-DU-BOIS (Vosges), montrant les corrosions caractéristiques des quartz anciens (2) des roches porphyriques, corrosions qui atteignent souvent l'orthose (3). Gross' 80 diam., lumière polarisée, nicols croisés.

Ce sont alors ces bandes incolores qui, en prenant dans certains cas, sur le bord des épanchements de ces porphyres, un grand développement, donnent lieu aux *Pechsteins* ou porphyres vitreux.

Dans ces pechsteins, la matière vitreuse amorphe, qui devient hydratée (8 à 10 pour 100) forme toute la roche. Le développement des sphérolithes pétrosiliceux y devient exceptionnel, celui des cristallites et des fissures perlitiques ou de retrait forme la règle.

Toutes ces roches d'épanchement, formant une série continue, passent de l'une à l'autre par des transitions insensibles, et ces passages s'effectuent surtout entre les deux termes inférieurs (microgranulites et porphyres globulaires), la séparation des porphyres pétrosiliceux avec la présence constante et souvent prédominante d'une matière amorphe est plus nette; avec leur disposition filonienne, en nappes et en coulées, les roches porphyriques présentent encore ce trait particulier d'être accompagnées de *tufs*, c'est-à-dire de produits projetés, qui, repris par les eaux, sont toujours nettement stratifiés.

Tous ces produits tufacés sont caractérisés par la présence constante d'une matière amorphe souvent altérée; les tufs de microgranulite et de porphyre globulaire formés principalement de cristaux en débris, prennent l'aspect d'une brèche ou d'arkoses. Ceux des porphyres pétrosiliceux, toujours plus développés, ressemblent à des argiles (*argilolithes*) plus ou moins colorées, remplies de débris de cristaux (quartz, feldspath et mica).

Microgranulites

(*Porphyre granitoïde. — Elvan. — Porphyre quartzifère pro parte*).

Caractères distinctifs. — Aspect de brèche de cristaux cimentés par une pâte peu développée, marquée de colorations vives dans les tons clairs, rouge, brun ou rosé. — Les éléments anciens dominants, toujours bien cristallisés, mais le plus souvent corrodés et brisés, sont le quartz et l'orthose, puis l'oligoclase qui peut manquer. Parmi les éléments ferrugineux, le mica noir est le plus fréquent. L'amphibole (hornblende) et le pyroxène sont relativement rares. Le mica blanc se présente ensuite dans certaines microgranulites riches en quartz dihexaédrique (Elvans). Les éléments accessoires, toujours de consolidation ancienne, sont ensuite : apatite, zircon, magnétite (fer titané dans les microgranulites à amphibole), tourmaline dans les elvans ; la pinite (cordiérite altérée), très fréquente.

Le quartz ancien, très répandu dans ces roches, est toujours bipyramidé et ses cristaux sont rugueux, arrondis; leurs sections, avec des angles émoussés, présentent les corrosions caractéristiques des quartz anciens de toutes les roches porphyriques (*fig.* 5).

La pâte entièrement cristallisée est constituée par une association de petits cristaux de quartz et d'orthose, distribués sans ordre, ou parfois nettement orientés en donnant lieu à des plages de micropegmatite ; à ces éléments vient s'ajouter du mica blanc, notamment dans les elvans.

Les principales variétés, basées sur la nature de l'élément ferrugineux dominant, sont les suivantes :

Microgranulite à mica noir qui peut correspondre au *Granite.*

Microgranulite à mica blanc (tourmalinifère), *Elvan*, correspondant à la *Granulite.*

Microgranulite à amphibole et à pyroxène. — *Granite à amphibole.*

Age. — Les pénétrations filoniennes des microgranulites au travers des roches granitoïdes anciennes (granites, granulites) sont multiples : il en est de même au travers des roches gneissiques et de celles stratifiées primaires anciennes. — Elles marquent au début de l'époque carbonifère une phase nouvelle dans l'activité éruptive, et l'émission des microgranulites micacées (porphyres granitoïdes) qui vient se placer au début de cette nouvelle série, est antérieure au culm : on les rencontre, en effet, à l'état de galets roulés, dans les conglomérats intercalés à la base de la grauwacke à Lepidodendrons des Vosges, et, de même, dans le bassin houiller de la Loire, dans ceux qui viennent se placer sous les grès anthracifères à flore du Culm.

Coupe générale du bassin de Saint-Étienne (d'après M. Grüner).

Carbonifère	Faisceau de Saint-Étienne. Massif stérile, conglomérats et poudingues. Faisceau de Rive-de-Gier	supérieur.
	Epanchements de porphyre quartzifère correspondant au Carbonifère moyen.	moyen.
	Grès anthracifère (tufs porphyritiques avec coulées de même nature) ; poudingues à galets de microgranulite. Epanchements de porphyre granitoïde (microgranulite micacée). Calcaire de Régny à Productus. Grauwacke quartzoschisteuse du Roannais.	inférieur.

Les émissions de microgranulite se sont poursuivies ensuite pendant toute la durée du carbonifère moyen ; on les remarque ensuite répandues en grand nombre à l'état de galets, dans les conglomérats situés à la base des bassins houillers du Plateau Central, du Morvan et de la Bretagne (Carb. sup.).

Principaux gisements. — La microgranulite forme de grandes coulées et surtout des filons très étendus qui, avec une épaisseur variable de 2 à 10 mètres, peuvent souvent se suivre sur une étendue de 15 à 20 kilomètres.

Il en est ainsi dans le *Morvan* où les microgranulites constituent le remplissage d'innombrables filons qui viennent se grouper en trois faisceaux principaux N-E., S-O. L'un allant de Lormes à Magny, près Avallon ; le second de Saint-Honoré à Planchez, en passant par Château-Chinon ; le troisième du Beuvray à Lucenay-l'Évêque ; on en retrouve également les diverses variétés, engagées à l'état de galets dans les poudingues de la base du terrain houiller supérieur d'Autun, de Montlifé, de Sincey, Decize, etc.

Dans toute cette région ces filons sont recoupés par des porphyres à quartz globulaire (porphyres quartzifères) et pétrosiliceux (Sincey, Montreuillon).

Dans le *Beaujolais* M. Michel Lévy a de même signalé l'importance prise par les coulées de microgranulites qui viennent se placer au centre ou sur les flancs d'un vaste pli synclinal de terrains anciens dirigé nord-est, sud-ouest ; leur émission est ainsi postérieure à ce plissement qui vient se placer entre le culm et le faisceau houiller de Rive-de-Gier. Dans les montagnes du *Lyonnais*, sur la bordure orientale du plateau central, les mêmes faits peuvent s'observer ; les microgranulites forment, dans toute cette région, de vastes coulées au fond de plis synclinaux carbonifères, et se présentent en nombreux filons au travers des parties fracturées, sur les flancs escarpés de ces plis, où elles traversent le *culm* représenté par des tufs orthophyriques et porphyriques à *Sagenaria*. Les plus puissants de ces filons sont orientés comme les plis nord-ouest sud-est et peuvent se suivre en direction sur 10 à 12 kilomètres.

Les *Vosges* offrent aussi de nombreuses variétés de microgranulite qui se disposent également en filons très étendus ou d'autres fois s'élèvent en manière de dykes puissants au travers du gneiss ou des roches granitoïdes, en donnant lieu à des accidents très pittoresques (Roche des Ducs, Pont des fées, Saut de la Cuve, Rocher de la Creuse près de Gérardmer, etc.) ; on les observe aussi dans les environs de St-Dié, recoupés par des filons de porphyre pétrosiliceux.

En *Auvergne* il faut compter au nombre des épanchements microgranulitiques les dykes élevés de Thiers, de Chaudesaigues, ceux riches en quartz bipyramidé et en pinite de la vallée de la Cère, etc.

Dans le bassin de *la Loire* les meilleurs types de microgranulites à mica noir (porphyres granitoïde) s'observent à Boën, à Urphé, à Saint-Just d'Avray, où elles forment tantôt des nappes horizontales, tantôt des coulées appliquées à mi-côte de la montagne.

Régions étrangères. — Des filons de microgranulite identiques à ceux du Morvan et du Plateau central s'observent en Saxe, en Chine, dans la Sibérie orientale, aux environs de Nertchinsk, où on peut constater leur présence à l'état de galets dans les conglomérats de la base du terrain houiller.

Porphyre globulaire

(Porphyre quartzifère *pro parte.*)

Caractères distinctifs. — Pâte plus développée que dans les microgranulites, d'apparence également plus compacte, et toujours marquée de colorations claires ; celle rouge vif dominante est due à des produits ferrugineux résultant de l'oxydation des éléments ferro-magnésiens.

Les cristaux anciens de dimensions réduites et souvent clairsemés dans la roche sont encore le quartz et l'orthose avec du mica noir. L'amphibole est rare. Parmi les éléments accessoires, la pinite reste la plus constante.

Le quartz dihexaédrique devient très abondant, l'orthose souvent maclé (mâcle de Carlsbad et de Baveno) a des contours bien arrêtés et le mica noir est souvent hexagonal.

Dans la pâte, le développement des sphérolithes quartzo-feldspathiques amène parfois une structure oolithique visible à l'œil nu. Ce fait est surtout bien accusé quand ces globules, devenus presque exclusivement quartzeux, offrent une structure zonaire (Villargoix, dans le Morvan).

Age. — Ces porphyres, qui représentent un terme de passage entre les microgranulites et les porphyres pétrosiliceux, suivent de près les émissions de microgranulites et se poursuivent dans toute l'étendue du carbonifère moyen et supérieur ; ils prennent fin à la base du Permien, pour faire place aux porphyres pétrosiliceux.

Parmi ces roches, les plus anciennes, celles qui se présentent en galets dans les conglomérats des bassins houillers du Plateau central et de la Bretagne, sont encore entièrement cristallisées, le quartz granulitique formant avec les sphérolithes à extinction totale le ciment qui enveloppe les éléments anciens. Celles qui se poursuivent dans les premières assises du permien présentent des traces bien nettes de matière amorphe.

Principaux gisements. — Les porphyres globulaires de la première catégorie, c'est-à-dire antérieurs au terrain carbonifère supérieur, s'observent bien développés dans le *Morvan*, aux environs de Saulieu, Villargoix et Censerey. Leurs filons, très étendus et remarquablement rectilignes, percent les microgranulites; on les retrouve ensuite, en galets, dans les conglomérats du bassin houiller de Sincey (niveau de Saint-Étienne). Il en est de même à Plancher-les-Mines (Nièvre).

C'est sous cette forme de filons minces et parfois aussi de véritables coulées qu'on les observe dans le *Beaujolais*.

Cette région, d'après les observations de M. Michel Lévy, offre une succession bien ordonnée et complète de toutes ces roches porphyriques :

1° *Microgranulites*, occupant, comme nous l'avons vu précédemment, des dépressions, à la base des assises houillères (Carbonif. sup.);

2° *Porphyres globulaires*, en filons minces recoupant les microgranulites et traversant le terrain houiller;

3° *Porphyres pétrosiliceux*, traversant toutes les roches précédentes et recouvrant de leurs épaisses coulées le terrain houiller.

En *Bretagne* on peut signaler aussi leur développement. Ce sont ainsi de grandes coulées de porphyres globulaires à ciment entièrement cristallisé qui forment, dans la rade de Brest, les falaises de l'île Longue, où ils se signalent par leur division en colonnades prismatiques.

Sur le versant méridional des *Alpes*, aux environs du lac de Lugano, on remarque également un beau développement de ces porphyres, analogues aux porphyres houillers du Morvan.

Dans le *bassin de la Loire* (Saint-Étienne) l'éruption de ces porphyres correspond à la lacune qui sépare le carbonifère inférieur du terrain houiller supérieur.

Dans le *Cotentin*, à Littry, le terrain houiller qui appartient à l'horizon le plus élevé du Carbonifère repose de même sur une nappe de porphyre quartzifère (globulaire).

Des porphyres quartzifères permiens s'observent, dans les *Vosges*, aux environs de Saint-Dié, à la base du Grès rouge.

Porphyre pétrosiliceux. — Pyroméride. — Argilolithes. — Pechsteins

Porphyre pétrosiliceux. *Caractères distinctifs.* — Ces roches, franchement porphyriques, qui deviennent le trait saillant des éruptions permiennes, sont caractérisées par une prédominance marquée de la matière amorphe. Sur une pâte compacte, de coloration brune ou violacée, à cassure nette et tranchante, se détachent de petits cristaux de quartz vitreux, brillants, à angles vifs. L'orthose, devenu rare, offre souvent une structure zonée et l'aspect fendillé, vitreux, de la sanidine. Le mica noir devient exceptionnel.

Dans les quartz anciens qui se montrent fortement corrodés, les inclusions qui étaient, dans les porphyres précédents, remplies par des substances gazeuses ou des liquides chlorurés, sont surtout formées par une matière amorphe incolore. Ces mêmes inclusions vitreuses, caractéristiques des porphyres pétrosiliceux, s'observent dans l'orthose qui prend tous les caractères de la sanidine (structure zonée et multiplicité des clivages).

La pâte, de nature pétrosiliceuse, nettement fluidale, se décompose en bandes alternativement limpides et nuageuses, les premières fissurées et parfois chargées de cristallites, les secondes marquées de granulations opaques avec développement de sphérolithes à croix noires caractéristiques.

Pyromérides. — Ce que ces porphyres présentent en petit, les pyromérides le réalisent en grand, avec une prédominance

Fig. 6. — Porphyre pétrosiliceux, du Bois du Hay (Vosges).
Gross^t. 120 diam. nicols à 45°.

I — 1, quartz bipyramidé corrodé ; 2, orthose ; 3, oligoclase ; 4, mica noir ; 6 et 7, débris de roches éruptives (granulite et porphyrite), empruntées au sous-sol ;

II — 7, magma pétrosiliceux fluidal ; 8, sphérolithes à croix noire ; 9 et 10, opale hyalitique et calcédoine dans les fentes.

bien marquée cette fois de matière amorphe. Ces roches, qui deviennent les plus acides de cette série, offrent, en effet, de gros sphérolithes, où la structure tout à la fois radiée et concentrique du globule par zones successives d'accroissement, se laisse facilement reconnaître à l'œil nu. Parfois, au centre du globule, on observe des parties géodiques, tapissées de petits cristaux de quartz hyalin.

Les plus beaux exemples connus de pyroméride sont ceux de l'île Jersey, où les sphérolithes atteignent jusqu'à 0,25 de diamètre. Dans le même point on remarque un grand déve-

FIG. 7. — PYROMÉRIDE DE GONFARON (Var).
Gross^t 60 diam., lumière naturelle.

Sphérolithes à croix noire (1) ; magma pétrosiliceux fluidal (2).
Quartz grenu secondaire développé dans le magma (3); veinules de calcédoine rubanée et d'opale (4).

loppement de porphyres pétrosiliceux fluidaux, identiques à ceux des Vosges. En Corse, des pyromérides à grands sphérolithes s'observent sur le bord des épanchements des porphyres pétrosiliceux.

Argilolithes. — Ces porphyres, qui se présentent souvent en coulées très étendues, débitées par retrait en grandes colonnades prismatiques, avec structure rubannée dans le sens de la direction des coulées, se font encore remarquer par le développement que prennent les formations tufacées. Tous les passages s'observent alors avec la roche vive des coulées et ces argilolithes, qui prennent les caractères de dépôts argileux marqués de couleurs bariolées vertes ou violettes, bien stratifiés, et chargés de débris quartzeux et feldspathiques.

Age. — Les éruptions de porphyre pétrosiliceux ont commencé au houiller supérieur et se sont ensuite manifestées avec une grande intensité à l'époque permienne où elles s'accompagnent de roches franchement vitreuses telles que les *Pechsteins.* Tous les bassins permiens d'Europe sont caractérisés par ces roches.

Il en est ainsi dans les Vosges où la base du terrain permien est constituée par une masse puissante d'argilolithes avec nombreuses coulées de porphyre pétrosiliceux. Ces émissions sont datées par suite de ce fait qu'on rencontre, à l'état silicifié, dans ses tufs argileux des troncs de cordaïtes et de conifères appartenant à des espèces permiennes. Dans la Forêt Noire, qui forme sur la partie opposée du Rhin la contre-partie des Vosges, de pareils faits se reproduisent trait pour trait.

Dans l'*Estérel*, les montagnes singulièrement déchiquetées et arides qui se dressent au nord de la vallée de l'Argens et du golfe de Fréjus doivent leurs contours abrupts, leur aspect stérile et désolé, à de grands massifs de porphyre pétrosiliceux marqués de colorations rouges. Ce sont également ces nappes porphyriques épaisses qui viennent former, en avant de la côte toute cette série de caps élevés qui, depuis Saint-Raphaël, à l'embouchure de l'Argens, jusqu'au golfe de la Napoule, s'avancent en mer, sous forme de grands promontoires, à des distances de près d'une lieue, comme le cap

FIG. 8. — ARGILOLITHE DE FAYMONT (Vosges).
(Gross[t]. 50 diam.).

1, quartz bipyramidé; 2, orthose; 3, microcline; 4, mica blanc; 5, mica noir; 7, amphibole; 9, tourmaline; 10 et 12, débris de quartz et de granulite — 13, matière amorphe chargée de granulations opaques.

de Téoule, où se dressent à de grandes hauteurs en falaises déchiquetées, comme celles si pittoresques du cap Roux. Ces porphyres forment, dans ce massif, de grandes traînées parallèles disposées suivant des fractures sensiblement orientées E.O, au travers des schistes à *Walchia* et des schistes rouges du permien de la région. En même temps, dans la plaine de Fréjus, à l'est du Reyran, on observe superposées au grès rouge de grandes coulées discontinues de pyroméridés plus récentes, accompagnées de pechsteins à structure perlitique, à la colle de Grane.

Le *Morvan* peut compter ensuite parmi les régions où ces porphyres prennent le plus de développement, notamment sur la bordure ouest, aux environs de Monreuillon et de la Colancelle.

Régions étrangères. — Sur le versant méridional des *Alpes*, aux environs de Lugano, et dans les provinces Rhénanes on peut signaler un grand développement de ces porphyres et surtout des tufs argileux qui forment leur cortège habituel.

En *Saxe*, de grandes nappes de ces porphyres s'observent intercalées avec des argilolithes et des pechsteins dans le grès rouge permien. Ces porphyres, qui se présentent nettement en coulées, offrant parfois, à l'œil nu, une structure rubannée, et présentant un indice bien net de la direction que ces coulées ont affecté, se font encore remarquer par le développement que prennent les tufs argileux (argilolithes), représentant les émissions boueuses qui ont accompagné leur sortie.

PECHSTEINS. — *Porphyres vitreux; Rétinite.* — Les pechsteins, qui représentent le dernier terme de cette série et le type vitreux des roches porphyriques, sont des verres naturels hydratés, contenant de 4 à 10 °/₀ d'eau avec 60 à 70 °/₀ de silice.

La cassure de ces roches, devenue translucide sur les bords, est nettement conchoïdale et les couleurs dominantes, toujours foncées, sont le brun ou le vert olive ; parfois des bandes jaunâtres ou rouges donnent au pechstein une apparence zonée. Leur éclat résineux justifie aussi le nom de *Rétinite* qui leur est souvent appliqué.

Les cristaux anciens sont fournis principalement par la

STRUCTURE VITREUSE

Fig. 9. — PECHSTEIN PERLITIQUE DU COL DE GRANE (Var).
Gross[t] 60 diam., lumière naturelle.
Ce porphyre vitreux forme un accident dans la pyroméride précédente (*fig.* 7) Bandes fluidales de matière amorphe, traversées par des fissures perlitiques, enveloppant quelques rares débris d'orthose vitreux, 1.

sanidine (orthose vitreux), l'oligoclase, joint à un peu de quartz et plus rarement du mica noir. La masse vitreuse offre, avec une structure fluidale bien marquée, un développement souvent remarquable de cristallites (pechstein de l'île d'Arran en Écosse). Les fissures perlitiques aussi très développées donnent souvent à la roche une apparence globulaire. Quand les cristaux anciens deviennent nombreux, le pechstein devient un vitrophyre (*Pechstein porphyre*).

Gisements. — Les pechsteins qui restent toujours en dépendance immédiate des porphyres pétrosiliceux sont limités à un petit nombre de régions : Saxe, — Tyrol, — Ile d'Arran en Angleterre, — Fréjus, dans le massif des Maures et de l'Estérel.

Ceux de Saxe et de l'île d'Arran sont très riches en cristallites, avec structure perlitique bien marquée.

Les pechsteins de Fréjus (col de Grane) sont d'un brun olivâtre, très fluidaux, nettement perlitiques, avec souvent quelques sphérolithes pétrosiliceux dans les bandes nuageuses.

Ceux du Tyrol, essentiellement vitreux, sont parfois bréchoïdes.

II

ROCHES GRANITOÏDES NEUTRES ET BASIQUES

Le plus souvent dépourvues de quartz ou ne l'admettant qu'exceptionnellement, ces roches, moins riches en silice et en alumine que les précédentes et marquées de colorations plus foncées, peuvent contenir encore du mica noir, mais ce sont des bisilicates de plus grande densité, à base de chaux, de magnésie et d'oxyde ferreux, les *amphiboles* et les *pyroxènes* qui fournissent les éléments ferrugineux essentiels. En même temps apparaissent des silicates encore plus lourds, exclusivement magnésiens, tels que le *péridot* qui devient prédominant dans les roches franchement basiques, dépourvues d'éléments feldspathiques.

La teneur en silice des roches neutres (*ortholite*, *syénites*, *kersantite*) reste comprise entre 55 et 65 %, celle des roches basiques (*diorites*, *diabases*, *euphotide et gabbros*, etc...) se tient entre 40 et 55 %.

I

Ortholite (Minette)

Ortholite. — Au nombre des roches granitoïdes à orthose, dépourvues de quartz, figure l'*ortholite* (*glimmer syénit*) que le microscope résout en un agrégat à grain fin d'orthose et de mica noir.

L'ortholite fait partie d'une série de roches sombres, d'apparence compactes, surchargées de mica et désignées communément sous le nom de *minette* en raison de la fréquence de leurs filons au voisinage de certaines mines de fer, notamment de celles de Framont dans les Vosges, où les mineurs en utilisent les parties ameublies et devenues aréneuses pour bourrer les coups de mines. L'analyse microscopique a démontré que ces roches, caractérisées dans leur ensemble par l'abondance du mica noir, devenu le seul élément distinct à l'œil nu, étaient de composition variée ; les unes renfermant soit de l'amphibole, soit de l'augite en abondance, d'autres présentant une texture porphyrique bien accentuée (orthophyre, porphyre syénitique). La désignation d'ortholite reste maintenant appliquée à la combinaison orthose et mica. Dans cette roche exclusivement feldspathique et micacée, l'apatite est remarquablement développée, la magnétite fréquente ; accidentellement, on y trouve du fer oligiste, et parfois une proportion assez forte d'oxyde de fer hydraté.

Cette roche, facilement altérable, donne des arènes grisâtres cendreuses, au milieu desquelles subsistent les parties plus résistantes sous la forme de gros blocs arrondis ; c'est sous cet aspect qu'elle se présente en filons nombreux dans les Vosges, au travers des massifs de granite à amphibole des ballons de Servance et d'Alsace. Plus au nord, près de Sainte-Marie-

Fig. 10. — Calcaire dolomitisé et grenatifère, au contact des filons d'ortholite.
Grosst 80 diam.
1, Grenat ; 2, pyroxène chloritisé ; 3, stilbite ; 4, dolomie.

Fig. 11. — Ortholite en filon dans le calcaire carbonifère de la Côte des Vignes.
Grosst 80 diam.
1, Apatite ; 2, fer oxydulé ; 3, mica noir avec inclusions d'apatite ; 4, orthose.

aux-Mines, sur la route de Saint-Dié, des filons puissants, enclavés dans le gneiss et restés compacts dans toute leur étendue, sont activement exploités pour empierrement. On les retrouve ensuite nombreux, et souvent groupés par faisceaux, sensiblement orientés est nord-ouest sur les deux flancs de la vallée de la Bruche, au pied du Donon, près de Schirmeck, à Russ, et à Vachenbach, où ils se montrent engagés dans de grands massifs calcaires carbonifères, très développés dans cette partie de la chaîne. Au contact, ces calcaires devenus cristallins sont domitisés sur des étendues de plusieurs mètres (*fig.* 10) ; en même temps on remarque dans ces dolomies saccharoïdes un développement de grenat et de stilbite.

Fig. 12. — Syénite du Haut du Them (Vosges).
Gross[t] 30 diam. Lumière polarisée, nicols croisés.
1, Apatite ; 2, sphène ; 3, hornblende ; 5, oligoclase ; 6, orthose.

Ces actions sont particulièrement nettes dans les blocs calcaires enclavés dans ces filons d'ortholite, blocs qui deviennent chargés de grenat, et géodiques avec druses tapissées de cristaux rhomboédriques de dolomie.

Dans la Forêt Noire qui forme, sur la rive opposée du Rhin, la contre-partie des Vosges, on peut signaler un pareil développement de filons d'ortholite dans l'Odenwald.

L'ortholite, toujours disposée en filons bien réglés d'épaisseur variable, a été reconnue dans un grand nombre de localités, notamment aux environs de Domfront dans l'Orne ; à Briquebec dans la Manche ; sur le flanc oriental de la chaine de l'Aigual dans le Gard.

II

ROCHES GRANITOÏDES A AMPHIBOLE

Syénites. — Diorites. — Kersantite

PREMIER GROUPE Orthose dominant **Syénites**	Syénites à hornblende (Syénites propt dites) Syénites micacées. Syénites éléolithiques.

Syénite. — Ce terme, appliqué par Pline au granite à amphibole qu'on rencontre à l'état de blocs roulés dans les alluvions de Syène (Égypte), est maintenant réservé aux agrégats cristallins, dont les éléments fondamentaux sont l'orthose et l'amphibole (hornblende).

Les syénites normales peuvent contenir de l'oligoclase et des éléments accessoires qui sont : apatite, zircon, sphène et fer titané. Le type de cette syénite normale se rencontre en Saxe, à Platten ; la composition de cette roche qui contient 59 % de silice est ainsi réglée.

— Apatite, zircon, ilménite, sphène.
— Hornblende, oligoclase peu abondant.
— Orthose, en grands cristaux simples ou maclés, prédominant et formant le ciment, en moulant les éléments précédents.

Syénites micacées. — Certaines syénites peuvent contenir du mica noir toujours plus ancien que l'amphibole. Leur composition se rapproche alors du granite, avec l'absence du quartz comme caractère distinctif. L'oligoclase devient rare et peut manquer dans ces syénites qui représentent le terme le plus acide de cette série.

Un terme plus basique est réalisé dans des syénites où l'orthose devient rare. La prédominance marquée de l'oligoclase forme alors un terme de passage avec les diorites.

Syénites éléolithiques. — Ces syénites, caractérisées par la présence de cette variété de néphéline à éclat gras auquel convient le nom d'éléolithe, autrefois considérées comme exclusivement localisées dans la Norwège, sont maintenant très répandues. Partout elles se signalent par le nombre exceptionnel des substances rares qu'elles contiennent. On y compte plus de cinquante minéraux distincts parmi lesquels figurent des silicates renfermant les corps simples suivants : zirconium, thorium, yttrium, cerium, lanthane, didyme, niobium, tantale, etc... Ses éléments essentiels sont l'orthose associé parfois au microcline, l'oligoclase peu abondant, l'éléolite (néphéline à éclat gras) et la sodalite, puis en proportion variable des amphiboles (arfvedsonite), l'une brune, l'autre verte, toutes deux très riches en soude, l'augite, le sphène, le fer titané et le zircon ; à ces minéraux viennent se joindre les espèces rares qui donnent à cette roche son caractère particulier. On y a compté plus de cinquante minéraux distincts parmi lesquels peuvent figurer comme très fréquents : pyrochlore (niobate de chaux), eucolite, thorite, mosandrite (silicotitanate de cerium, didyme et de lanthane); à cette liste il faut joindre des produits d'altération nombreux et variés, tels que la cancrinite et surtout des zéolithes (mesotype, thomsonite, analcime).

Distribution des syénites. — Les syénites sont des roches filoniennes qui ne se présentent plus en grands massifs comme les granites et les granulites. Les *syénites normales* et *micacées* sont principalement répandues dans les régions septentrionales et orientales de l'Europe. En *Saxe* notamment, où les grands filons syénitiques de Platten, près de Dresde, sont largement exploités ; dans le *Piémont septentrional* une syénite, riche en zircon avec orthose violacé, forme au travers du granite, aux environs de Biella, de grands enclaves transversaux. Il en est de même dans les *Vosges* où des filons nombreux d'une syénite rouge corail s'observent soit au travers du granite franc, soit et surtout du granite à amphibole, dans le ballon de Servance. Dans le *Cotentin* la syénite de Coutance se présente au travers des phyllades archéens. Enfin on peut encore signaler leur développement en *Angleterre* dans le district des Lacs.

Les *syénites éléolithiques*, autrefois considérées comme spéciales à la Norwège où elles sont remarquablement développées, sont maintenant connues dans le Groënland, le Brésil, les îles Viti et Timor, les Açores (Saint-Vincent), dans les Hautes-Pyrénées à Pouzac ; à ce même groupe de roches particulièrement intéressantes appartiennent la *Foyaïte* dés montagnes de la Foya et de Monchique dans le Portugal méridional ; la *Miascite* particulièrement riche en mica noir des monts Ilmen près de Miase ; la *Ditroïte* avec sa sodalité bleue de Ditro en Transylvanie. En Norwège, à Brevig, la syénite éléolithique se présente enclavée dans les calcaires du silurien moyen qui se montrent au contact chargés de wernérite et de grenat.

DEUXIÈME GROUPE Plagioclase dominant **Diorites**	Diorite andésitique. Diorite labradorique.	Ces deux types admettent des variétés quartzifères.
	Diorite anorthique (Diorite orbiculaire).	
Kersantite.	Diorite micacée.	

Diorites. — L'association d'un plagioclase avec l'amphibole (hornblende) donne lieu aux Diorites, et, suivant la nature du feldspath triclinique engagé, on peut distinguer dans

FIG. 13. — DIORITE ANDÉSITIQUE DE SAINT-MAURICE (Vosges).
Gross[t] 60 diam. Lumière polarisée, nicols croisés.
1, Fer oxydulé ; 2, apatite ; 3, sphène ; 4, oligoclase ; 5, hornblende.

ces roches des *diorites andésitiques* (à oligoclase) et des *diorites labradoriques*.

C'est le contraste offert par la différence, très marquée, de couleur de ces deux éléments qui a valu aux diorites leur nom (du grec *diorizô*). Mais il est des variétés compactes, dont la masse d'un noir uniforme ne peut se résoudre en éléments distincts, même à l'aide de la loupe.

L'hornblende, prédominante dans la plupart des diorites, apparaît, tantôt en grands cristaux lamelleux d'un noir vif ou d'un vert noirâtre foncé, dans celles bien cristallisées, tantôt en prismes aiguillés formant un feutrage serré, dans celles plus compactes qui prennent souvent une apparence strati-forme et se distinguent difficilement des *amphibolites* intercalées dans le *terrain primitif*. Le plagioclase engagé reste toujours sans formes extérieures cristallines appréciables; blanc ou verdâtre dans le cas de l'oligoclase, son éclat est vif sur les faces de clivages qui se montrent marquées des stries caractéristiques; parfois on ne l'observe qu'en grains opaques, isolés au milieu des agrégats lamelleux d'hornblende.

Parmi les minéraux qui se présentent ensuite habituellement dans les diorites comme le résultat d'altérations secondaires, il faut citer, comme fréquents, l'épidote et la chlorite qui dérivent de l'amphibole. La présence de minerais sulfurés tels que la pyrite jaune cubique, celle plus rare de la pyrrhothine, ou pyrite magnétique en petits amas grenus ou écailleux, est aussi à noter.

La composition des diorites andésitiques et labradoriques est ainsi réglée:

I **Diorite andésitique**	II **Diorite Labradorique**
Magnétite, fer titané, sphène, Amphibole (hornblende) accessoirement : Apatite, mica noir ; pyroxène ; orthose. Mélange grenu d'hornblende et d'oligoclase,	Magnétite, fer titané, sphène, Hornblende, accessoirement : Apatite, pyroxène ; oligoclase ou anorthite. Mélange grenu d'hornblende et de labrador,

(de consolidation parfois simultanée, dans les variétés à texture ophitique).

Dans chacun de ces deux types, la présence du quartz granulitique introduit des variétés *quartzifères*.

Diorites micacées. — Enfin il faut tenir compte de ce fait que certaines diorites, comme celles de Cléfcy près de Fraize, dans les Vosges, sont assez riches en mica noir pour mériter la qualification de micacées au même titre que les syénites ; en même temps on peut constater dans ces diorites exceptionnelles une prédominance marquée de l'orthose.

III. **Diorite anorthique** (*Diorite orbiculaire*, *Corsite*). — En Corse, près de San Lucia di Tallano, une diorite constituée essentiellement par une association d'hornblende (60 °/$_0$) et d'anorthite (40 °/$_0$) se fait remarquer par sa disposition sphéroïdale. Les globules, de dimensions variables (0,03 à 0,06), tantôt isolés, tantôt groupés par dizaines ou par centaines, sont distribués irrégulièrement dans un amas de diorite granitoïde affleurant, au travers d'un granite à amphibole, sur une étendue de 300 mètres. La roche qui contient les globules est à gros éléments et se sépare mal du granite encaissant. L'*anorthite* en grands cristaux d'un blanc laiteux, avec éclat nacré sur les faces de clivage, offre au microscope de remarquables exemples d'une double structure hémitrope ; la mâcle de l'albite s'associant à celle du périkline détermine dans la zone ph^1 un réseau presque à angle droit de lamelles hémitropes ; celle de Carlsbad n'est pas moins fréquente. L'*hornblende* prédominante et de consolidation plus récente se présente en cristaux lamelleux d'un noir verdâtre, mal terminés, qui se traduisent au microscope par de grandes plages sans contours propres, moulant le feldspath lui-même très brisé. Les sections fraîches montrent qu'elle est douée d'un polychroïsme assez faible variant du brun pâle au vert clair, en passant par le vert émeraude ; mais le plus souvent l'amphibole est transformée en grande partie en chlorite et chargée d'épidote. Les minéraux de consolidation plus ancienne et qui ne figurent dans la roche qu'à l'état accessoire sont ensuite, avec du fer oxydulé titanifère très clairsemé, l'apatite, soit en inclusion dans l'amphibole, soit et surtout en cristaux isolés dans la roche et bien développés, puis le sphène en petits grains fusiformes, rugueux, grisâtres, à clivages peu apparents comme dans les phonolithes.

Par places on observe ensuite, avec de larges lamelles d'un mica brun très polychroïque, bien clivé et rempli de fines aiguilles de rutile, de gros cristaux de zircon, prismés, d'un brun pâle, légèrement polychroïques, en tous points semblables à ceux si développés dans les syénites éléolithiques.

Enfin la présence, plus rare, du quartz granulitique en grandes plages bien développées au voisinage du mica noir, et pourvues de facettes hexagonales au contact du feldspath, est un fait intéressant à noter dans cette roche qui représente le terme le plus basique des diorites.

Les globules, de dimensions et de composition variables, sont les uns uniquement feldspathiques, les autres zonés formés par voie de concrétion ; ces derniers présentent alors très souvent un noyau central constitué par les éléments de la diorite encaissante, et associés de la même façon. Dans les globules feldspathiques l'amphibole fait entièrement défaut; des cristaux d'anorthite en débris offrent, dans les sections minces, l'aspect d'une mosaïque très fine à éléments diversement associés. Dans la partie périphérique des globules zonés, l'amphibole très brisée, au lieu d'être disposée en grandes plages moulant l'anorthite comme dans le noyau central, est distribuée suivant des couches concentriques qui donnent à ces globules leur caractère spécial. Elle possède les propriétés optiques de l'hornblende faiblement polychroïque, contenue dans les parties granitoïdes, et ses débris sont tantôt confusément enchevêtrés, tantôt allongés, tangentiellement aux zônes feldspathiques. Dans ces zones concentriques d'amphibole, plus ou moins rapprochées et plus ou moins chargées d'hornblende, la silice libre se présente accidentellement sous la forme du quartz de corrosion qui sème de ses crosses arrondies les quelques plages d'anorthite qui viennent s'associer à l'amphibole. Dans les bandes radiées des globules, presque uniquement composées de feldspath, l'anorthite limpide et dépourvue de tout trait d'altération, finement mâclée suivant les lois de l'albite et du périkline, se présente en plages distinctes dont chacune constitue une sorte de cône très allongé dont la pointe effilée est dirigée vers le centre du globule. Quelques débris fibreux d'amphibole s'y observent disposés eux-mêmes radialement. Il reste enfin à signaler dans ces globules l'absence complète de l'apatite si répandue dans la diorite granitoïde encaissante, celle aussi de tous les éléments accessoires précédemment cités, ainsi que la fraîcheur des minéraux constituants, limités à l'anorthite et à l'amphibole, fraîcheur qui contraste avec l'altération souvent profonde de ces mêmes éléments dans la roche ambiante.

Mode de gisement et distribution des diorites. — Les diorites, rarement disposées en massifs d'une étendue notable, se présentent le plus souvent en filons, plus ou moins épais, remarquablement rectilignes et groupés parfois en faisceaux. C'est principalement dans les filons minces de deux à trois mètres d'épaisseur que s'observent les variétés compactes à grain fin. Parfois elles envoient des ramifications qui s'étendent assez loin dans la roche encaissante et peuvent donner lieu à des filons-couches peu étendus. Il en est ainsi en Bretagne sur les Côtes-du-Nord, au cap Frehel, où de grands filons de diorite se dressent presque verticalement au travers des couches horizontales de grès armoricain qui forment la falaise, et viennent, au sommet, se ramifier en enveloppant de toutes parts de gros blocs de grès.

Les diorites normales, c'est-à-dire dépourvues de quartz et de mica, représentent dans la série des roches granitoïdes anciennes un terme basique, qui apparaît souvent comme ayant servi de véhicule aux épanchements cuivreux. Alors que l'étain à l'état d'oxyde accompagne toujours, comme nous l'avons vu précédemment, les roches acides (granulites, pegmatites et greisen), les gîtes cuivreux où le métal est venu à l'état de sulfure sont toujours en relation étroite avec des roches basiques telles que diorites, diabases et gabbros. Cette liaison des gîtes cuprifères avec les diorites est bien nette en Norwège, à Karafjord, où les filons cuivreux de $0^m,30$ à $4^m,50$ de puissance s'observent dans un puissant dyke de diorite dressé au travers des schistes cristallins et des grauwackes siluriennes. Dans la même catégorie doivent être rangés les gîtes célèbres du Chili, de la Bolivie, et ceux de l'Oural, où les minerais de cuivre forment, à Bogoslowsk, un gîte de contact entre une diorite et un massif calcaire.

Principaux gisements. — En *Bretagne* les diorites quartzifères sont très répandues dans le Finistère où elles constituent le remplissage de nombreux filons, très étendus et le plus souvent groupés par faisceaux. Le plus important de ces faisceaux suit avec une constante régularité le pied méridional des montagnes Noires, où de nombreux filons de pareilles roches se montrent au travers des diverses assises du silurien et du dévonien inférieur, sans atteindre les schistes carbonifères de Châteaulin qui datent de l'époque dite du *culm*. Ces diorites, en devenant, par places, franchement granitoïdes et riches en mica noir (vallée du Gouët, près de Saint-Brieuc), font partie d'une puissante venue de roches, très rapprochées du granite à amphibole, et dont les traces sont nombreuses en Bretagne, notamment dans les falaises des Côtes-du-Nord, aux environs de Saint-Brieuc et de Saint-Enogat où leurs puissants filons s'élèvent au travers des schistes cristallins, et de même dans celles des Sables-Blancs, près de Concarneau. — Les diorites proprement dites andésitiques et labradoriques s'observent ensuite bien développées dans le Finistère aux environs de Quimper, les premières à Kermovan, au travers du granite, les secondes à Créach-Maria et près du château de Gelin à Tremeven (1).

Dans les *Vosges*, les diorites, le plus souvent andésitiques, affectant toujours l'allure filonienne, se présentent au travers,

(1) Ch. Barrois, *Ann. Soc. géol. du Nord*, t. VIII, p. 112.

soit du granite, comme à Ranfaing et Fondromé près de Remiremont, soit du gneiss (Saint-Nabord, le Thillot, Sainte-Marie-aux-Mines...) ; les types à labrador s'observent dans de pareilles conditions à Pont-Jean près de Saint-Maurice, et c'est de même dans un massif granitique que se présente la diorite micacée de Cléfcy en s'enrichissant en orthose au contact.

Dans les *Alpes*, la fréquence des galets dioritiques dans les alluvions du Drac, de la Romanche et autres torrents du Dauphiné, indique l'importance prise par les diorites dans cette partie de la chaîne ; on les observe, en filons bien déterminés, à Chalanches d'Allemont près du bourg d'Oisans, dans les schistes cristallins.

Leur développement est ensuite à signaler à *Jersey*, où de grands massifs de diorite granitoïde à oligoclase forment, en avant de la côte, une série de rochers bizarrement découpés et traversés, en de nombreux points, par de minces filons de granulite.

En *Angleterre*, où de puissants filons de pareilles roches, cette fois compactes, s'élèvent au travers des schistes à graptolites du silurien moyen dans le district des Lacs.

En *Corse*, où elles viennent se grouper autour de trois types : 1° la diorite orbiculaire de San Lucia enclavée, comme nous l'avons vu, dans un massif de granite à amphibole ; 2° les diorites de la rade d'Ajaccio, très développées sur toute la côte occidentale, notamment à la pointe Parata, où elles viennent former dans le granite ancien un grand nombre de filons parallèles, nettement séparés de la roche encaissante ; 3° les diorites des terrains septentrionaux qui deviennent métallifères en comprenant tous les gîtes métalliques sulfurés de la Corse et dont l'émission daterait, d'après M. Dieulafait, du Permien ou du Trias (1).

Enfin dans le *Hartz*, et surtout dans les montagnes boisées de la *Thuringe*, des diorites franches d'un noir foncé, remarquablement riches en hornblende, forment au travers des micaschistes des enclaves transversaux puissants.

Il est alors à remarquer que dans l'ouest de l'Europe, en Bretagne et en Angleterre, les diorites antérieures au carbonifère se présentent le plus souvent au travers des terrains paléozoïques siluriens ou dévoniens, tandis que dans l'est (Vosges, Alpes, Allemagne) elles restent cantonnées dans les massifs granitiques ou les schistes cristallins.

Kersantite. — Sous le nom de *Kersanton* on exploite depuis des siècles en Bretagne des roches sombres, composées principalement de feldspath plagioclase et de mica, renommées pour leur résistance à l'air qui les a fait employer, de tout temps, pour la sculpture. Des observations récentes de M. Ch. Barrois (2) ont montré que ces roches célèbres, très développées dans la rade de Brest, notamment dans la commune de Loperhet, où elles forment près du hameau de Kersanton, au travers des schistes dévoniens, un filon épais de 10 mètres, devaient se répartir en deux groupes liés entre eux par des passages insensibles, l'un à texture grenue, *Kersantite*, qui n'est autre qu'une diorite micacée souvent riche en quartz et en chaux carbonatée, l'autre à texture porphyrique, comprenant des *Porphyrites micacées* où le mica noir bien

(1) *Comptes rendus de l'Acad. des Sciences*, t. LXXXXVII, p. 918.

(2) Ch. Barrois, *Sur le Kersanton de la rade de Brest*, *Ann. de la Soc. géol. de Lille*, t. XIV, 1887. Voy. aussi Michel-Lévy et Douvillé, sur le *Kersanton*, *Bull. Soc. géol. de France*, 3ᵉ série, t. V, 1876, p. 51.

développé apparaît disséminé dans une roche grisâtre d'apparence compacte, irrésoluble à l'œil nu.

La *Kersantite* est essentiellement constituée par une association granitoïde d'oligoclase et de mica noir. Parmi les éléments les plus anciens figurent : l'apatite, remarquablement développée en longues aiguilles prismatiques hexagonales, souvent brisées ; la magnétite et le fer titané, inégalement répandus ; l'amphibole, remarquable également par sa disposition irrégulière et principalement abondante dans le filon historique du hameau de Kersanton. L'augite, souvent chloritisé, répandu dans les filons de la rade près de Brest, et l'orthose apparaissent à l'état d'éléments accessoires ; enfin on y observe, en proportions variables, du quartz en grains à contours irréguliers comme celui du granite, riche en inclusions liquides à bulle mobile, et surtout de la calcite. La chaux carbonatée, abondante dans certaines parties des filons de kersantite au point que la roche fait effervescence avec les acides, se présente en grains irréguliers, et surtout en perles, formées d'un seul individu cristallin, présentant les mâcles et les clivages caractéristiques de la calcite des calcaires saccharoïdes; elle doit être attribuée à une circulation postérieure d'eaux minérales bicarbonatées en même temps siliceuses ; dans les points où abonde la calcite, principalement dans les salbandes des filons, la kersantite devient en effet amygdaloïde, et dans les petites géodes remplies de chaux carbonatée on observe, avec de la calcédoine, des petits cristaux bien nets de quartz bipyramidé.

Age de la kersantite. — La kersantite, ou mieux le kersanton du Finistère (les filons où la roche devient une porphyrite micacée en se chargeant de microlithes d'oligoclase étant, en effet, du même âge et ne se différentiant de la kersantite que par une texture particulière) se présente, dans le centre, postérieure aux schistes de Châteaulin et par suite au carbonifère inférieur. Près de Paullaouen, de Lennon et de Carhaix, des filons traversant ces schistes se montrent identiques à ceux de la rade de Brest. M. Ch. Barrois, se basant sur ce fait que les filons de Kersanton traversent en outre ceux de microgranulite et de porphyre, rattache l'émission de ces roches, très répandues dans le Finistère, à celle des porphyrites micacées si développées dans le Morvan ainsi que dans le Calvados, où elles se présentent au travers des schistes du bassin houiller de Littry qu'on sait appartenir aux niveaux les plus élevés du terrain carbonifère.

La kersantite prend son principal développement dans la rade de Brest où elle forme e remplissage d'une cinquantaine de filons de 1 mètre à 20 mètres, dirigés 60° à 100°, au travers des schistes et quartzites du dévonien inférieur. Les principaux, indépendamment de celui classique de Kersanton, s'observent au Fret, à Kerascoet, Trococ, l'Hôpital, Penan-Voas en Faou, Le Château, Rohon en Logonna, Penallen en Plougastel ; ceux qui se présentent sous la forme de porphyrite micacée se développent surtout au travers des schistes de Châteaulin, dans le centre du Finistère, entre Poullaounen et Carhaix, au moulin du Grann et Quenecadec en Lennon, à Guervenec en Rumengol, le Roz en Loyonna,.. etc.

Des roches identiques comme composition et texture avec la kersantite sont ensuite à signaler dans les Vosges, où elles se présentent au travers des schistes et quartzites du carbonifère, près de Sainte-Marie-aux-Mines, sur la route de Saint-Dié.

III

ROCHES GRANITOÏDES A PYROXÈNE

Diabases. — Gabros; Euphotide. — Norites

PREMIER GROUPE augite dominant. **Diabases**	Diabase andésitique (D. à oligoclase). Diabase labradorique (D. à anorthite). Ces deux types admettent des variétés quartzifères. Diabase anorthique (D. à anorthite).

Diabase. — Sous le nom de *Diabase* vient se ranger un groupe très important de roches nettement filoniennes, caractérisées par l'association d'un plagioclase avec le pyroxène augite.

Leur coloration toujours sombre, noire, ou le plus souvent d'un vert foncé très tranché, leur a fait donner, en Allemagne, le nom de *grünstein*, et en Angleterre celui de *greenstone ;* c'est aussi la finesse habituelle de leur grain qui, donnant à ces roches très résistantes une apparence compacte, a motivé celui d'*aphanite* qu'on leur donnait autrefois ; rarement en effet on les observe assez largement cristallisées pour que leurs éléments constituants deviennent distincts à l'œil nu.

De même que pour les diorites, on peut distinguer dans ces roches basiques, où les éléments micacés font défaut, des *diabases andésitiques*, *labradoriques* et *anorthiques*, mais avec cette différence que les variétés où prédominent les plagioclases à base de chaux sont les plus répandues. Dans chacun de ces types, des cristaux anciens de fer oxydulé et d'augite sont cimentés par de grandes plages feldspathiques.

D'autre fois, et le cas est fréquent, quand la texture ophitique, caractérisée par l'allongement de l'élément feldspathique, à la manière des microlithes, suivant l'arête pg^1, et sa distribution en grands cristaux implantés dans les plages de l'élément ferrugineux se trouvent réalisées, ce sont les plages de pyroxène qui, de consolidation postérieure à celle du feldspath, forment le ciment de la roche (*Diabases ophytiques*).

FIG. 14. — DIABASE LABRADORIQUE DE TERNUAY (Vosges).
Gross[t] 60 diam. Lumière polarisée ; nicols croisés.
1, Fer titané ; 2, sphène ; 3, augite ; 4, labrador.

Les diabases, toujours pauvres en minéraux accessoires, ne renferment guère que de l'apatite, avec du sphène en cristaux isolés, et du fer titané. Quand l'amphibole s'y présente, on peut toujours reconnaître qu'elle apparaît comme un produit d'altération secondaire, épigénisant le pyroxène et pénétrant aussi parfois dans les clivages et les moindres fissures du feldspath triclinique. Cette amphibole est alors d'un vert pâle, peu polychroïque, et se rapporte aux variétés peu ferrugineuses tendant vers l'actinote. Les actions secondaires attaquent, en effet, fortement ces roches qui se montrent chargées d'épidote et de chlorite, aux dépens du pyroxène. Les filonnets remplis d'épidote, en cristaux jaunes brillants, qui serpentent fréquemment au travers des diabases n'ont pas d'autre origine, et c'est à l'importance prise par le développement de la chlorite qu'est due leur coloration verte uniforme, les feldspaths eux-mêmes fortement altérés en étant complètement imprégnés. Parfois c'est une matière serpentineuse qui remplit ce rôle en venant représenter le dernier terme de cette décomposition du pyroxène. Dans de pareilles conditions, les feldspaths, devenus nuageux au point de devenir méconnaissables, se chargent de petites paillettes talqueuses douées d'une action vive sur la lumière polarisée et de grains de calcite. — C'est de la sorte que les diabases labradoriques et anorthiques peuvent se montrer imprégnées de calcite, au point de faire effervescence avec les acides et d'avoir mérité, par suite, le nom d'*aphanites calcarifères*. Comme élément secondaire intéressant à constater dans des roches aussi basiques, où la proportion de silice ne dépasse guère 50 % et peut descendre à 44 %, il convient ensuite de signaler la présence du quartz, en grains grenus, parfois remplis d'inclusions liquides (1), qui vient former par places des nœuds ou le remplissage de petites fentes sinueuses.

Conditions de gisement et distribution des dia-

(1) Diabase de Challes près Stavelot (Belgique).

bases. — Plus répandues que les diorites, les diabases ne forment guère de massifs isolés, et se rencontrent principalement dans les terrains primaires de divers âges, en filons nombreux assez minces, mais très étendus, et le plus souvent groupés par faisceaux. Il en est ainsi en *Bretagne*, où M. Ch. Barrois a signalé, sur le versant du Menez-Nom et des montagnes Noires, un faisceau de filon parallèles qui peut se suivre, sans interruption, sur une longueur de 50 kilomètres.

FIG 15. — DIABASE ANDÉSITIQUE A TEXTURE OPHYTIQUE, DE LA PROVINCE D'ORAN (Algérie).

1, Fer titané; 2, oligoclase ; 3, augite.
Actions secondaires : 4, sphène au dépens du fer titané ; 5, chlorite avec développement d'épidote.

Leur intercalation en filons-couches, qui représentent entre les plans de séparation des couches stratifiées des épanchements horizontaux se raccordant avec les filons d'injection marquant les points d'arrivée de la roche éruptive, n'est pas moins fréquente ; il en est de même pour leur disposition en nappes où coulées qui témoignent cette fois que la roche s'est épanchée à l'air libre ou sous l'eau, par-dessus les assises qu'elle recouvre ; dans ce cas elles se montrent accompagnées d'une puissante formation de *tufs*, de *brèches* ou de *conglomérats* parfois fossilifères qui se disposent en couches alternantes avec les assises régulièrement stratifiées des terrains primaires, et viennent attester que les éléments amenés au jour par l'activité éruptive ont été plus d'une fois, dès leur arrivée, repris par les eaux qui leur ont imprimé les marques bien nettes de la sédimentation. En même temps cette intercalation de nappes et de tufs diabasiques entre des assises sédimentaires d'âge connu permet de déterminer d'une façon précise la date de leur émission. C'est de la sorte que dans le *Hartz*, où les diabases prennent beaucoup d'importance, on a pu reconnaître qu'elles correspondaient à trois phases d'émissions distinctes :

1° La première comprend des diabases andésitiques épanchées en nappes, d'épaisseur assez uniforme, au milieu des schistes argileux à nodules calcaires (schistes de Wiéda à *Cardiola interrupta*). Au contact, ces diabases ont produit dans ces dépôts argileux, soit au toit, soit au mur, des modifications notables, en faisant naître des roches jaspoïdes, rubannées de blanc, de rouge ou de vert foncé, avec taches globuleuses de chlorite (*spilosite*), ou plus compactes, dans lesquels on remarque le développement d'un silicate de soude voisin de l'albite (*schistes siliceux à adinole*) ;

2° Des diabases labradoriques, moins compactes que les

précédentes et rendues souvent porphyroïdes par le développement qu'y prennent les grands cristaux de labrador (*Diabasophyre*), s'observent ensuite avec des tufs fossilifères imprégnés de calcite ou de phosphorite (*Schalstein*), disposées en nappes régulièrement alternantes au milieu des schistes qui séparent les calcaires à Stringocéphales des couches à *Rynchonella cuboïdes* du dévonien supérieur. En connexion étroite avec ces diabases dévoniennes des minerais de fer de diverses natures (silicate de fer, oligiste, hematite, etc...) se montrent partout largement développés dans ces schlasteins qui établissent souvent un passage complet entre la roche éruptive et le calcaire dont ils renferment les fossiles ;

3° Enfin avec le carbonifère coïncide une troisième venue de diabases compactes et andésitiques comme celles siluriennes et qui viennent cette fois, en s'intercalant régulièrement au milieu des schistes à empreintes végétales du culm, les transformer en *spilosites* et en *adinoles* au contact.

En *Bohême*, des filons nombreux de diabase s'observent au travers des assises du Silurien inférieur où elles renferment des gîtes sulfureux ; on voit ensuite cette roche, chargée de grands cristaux de labrador, former des nappes peu épaisses, mais bien réglées, au milieu des schistes à graphtolites (*Monograpthus priodon*) qui forment la base du silurien supérieur (bande inférieure e_1 de l'étage E). Les diabases dévoniennes jouent ensuite un rôle important dans les districts dévoniens des *Provinces Rhénanes*, notamment dans le Nassau où leurs coulées, accompagnées d'une puissante formation de schalsteins amygdaloïdes, alternent avec les schistes et calcaires à stringocéphales.

Dans les *Vosges*, c'est au travers des schistes et quartzites du carbonifère inférieur que s'élèvent les puissants filons de diabases labradoriques de Ternuay et de Belongchamps. La roche toujours dure, grenue, d'un vert foncé uniforme sur lequel se détache en clair les veines jaunes fournies par l'épidote, est susceptible de poli, et devient l'objet d'une grande exploitation pour l'ornementation des édifices (1).

En *Bretagne* les diabases, très répandues, forment un grand nombre de faisceaux d'âge et de caractères différents, et se montrent associées, comme dans les districts diabasiques rhénans, à des masses épaisses de tufs subordonnés à des assises schisteuses, soit siluriennes, soit dévoniennes. Les plus anciennes, celles qui longent avec une constante régularité le versant des montagnes Noires et du Menez-Nom sont associées à des tufs interstratifiés dans les schistes du silurien supérieur et se signalent également par l'intensité des modifications exercées sur les roches traversées ; avec des schistes silicifiés et devenus amygdaloïdes, on observe dans le calcaire de Rosan, transformé en marbre cristallin au contact, un remarquable développement d'albite ; et souvent les Orthis (*O. Actionæ*) caractéristiques de ce niveau qui occupe le sommet du silurien breton, sont compris dans un tuf diabasique calcarifère.

Une seconde venue non moins importante que la précédente et localisée dans le centre du Finistère se serait produite, d'après M. Ch. Barrois, à qui nous empruntons ces données intéressantes sur l'histoire des phénomènes éruptifs qui ont

(1) Cette diabase a été décrite, sous le nom de *porphyre de Ternuay*, par M. Delesse qui désignait sous le nom de *Vosgite* le labrador, altéré et verdi par la chlorite contenue dans la roche. *Ann. des Mines*, 4e série, t. XII, 1847.

marqué les temps primaires en Bretagne (1), entre le dévonien et le carbonifère. — C'est en effet au travers des schistes et quartzites dévoniens, transformés au contact en spilosites et en adinoles, que se présentent les tufs de ces diabases plus récentes.

Enfin la dernière série comprend des diabases labradoriques à *structure ophytique* qui n'affectent plus cette fois qu'une allure filonnienne, et se présentent au travers des assises dévoniennes ou de la granulite, en pénétrant jusque dans les schistes carbonifères de Châteaulin. Ce sont alors ces diabases carbonifères qui forment, dans la rade de Brest, au travers des schistes dévoniens, ces nombreux filons épais de 1 à 2 mètres qu'on observe dans les falaises, depuis l'île du Bindo jusqu'à Porsisquin en Logonna, et qu'on exploite ensuite largement pour l'empierrement au Val en Hanvec, sous le nom de *bizeul*.

Dans le *Cotentin*, c'est au travers des phyllades archéennes et des schistes mâclifères que se présentent les diabases; leurs filons, épais de 1 à 25 mètres, divisés, aux affleurements, en gros sphéroïdes à écailles concentriques, peuvent se suivre, jalonnés ainsi par des traînées de gros blocs arrondis, sur des longueurs de 8 à 10 kilomètres. La roche franche, très résistante et d'une couleur verte foncée, est très propre à l'empierrement. Mais le plus souvent l'altération superficielle a fait naître sur le trajet des affleurements une arène calcarifère très recherchée dans cette région où le calcaire fait souvent défaut, et exploitée comme marne.

L'*Angleterre*, dans les districts siluriens, offre également un grand développement de diabases, notamment dans le

(1) Voy. Ch. Barrois, *Réun. de la Soc. géol. de France dans le Finistère*, *Bull.* 3e série, t. XIV, 1887.

pays de Galles, où leurs coulées alternent avec les grès du silurien inférieur.

En *Écosse* des diabases ophytiques avec tufs associés s'observent ensuite en nappes intercalées au milieu de couches d'eau douce appartenant à l'assise dite du *Culm*.

Plus au nord, dans la *Norwège méridionale*, aux environs de Christiania, les diabases au travers des diverses assises siluriennes revêtent toutes les formes que nous venons de mentionner; et l'on sait que ce sont de pareilles roches qui, dans la coupe classique du Kinnekulle, forment au sommet de la montagne une grande coulée qui vient couronner l'ensemble du silurien de la région.

En dernier lieu, il importe de mentionner l'importance exceptionnelle prise par ces roches dans le nord de l'*Andalousie*. Ce sont elles qui constituent les principaux traits du relief de la Sierra Morena; on les voit ensuite former des montagnes entières (Castilblanco), des dykes puissants dans le granite et les terrains anciens; on les retrouve ensuite plus rares dans les Asturies et la Galice, où elles reprennent leur allure filonienne habituelle dans le terrain houiller, en s'accompagnant de tufs diabasiques bien développés.

DEUXIÈME GROUPE Diallage dominant Gabbros	Gabbro andésitique (G. à oligoclase). Gabbro labradorique (G. à labrador). Euphotide. Gabbro anorthique (G. à anorthite). Ces deux derniers types admettent des variétés à olivine (Gabbros à olivine).

Gabbro. — Ce terme, appliqué tout d'abord en Italie à des roches serpentineuses métamorphiques (*Gabbro rosso* des Apennins), est maintenant réservé aux agrégats cristallins, normalement dépourvus de quartz, constitués essentiellement par une association granitoïde de plagioclase et de diallage. Ces roches basiques, où la teneur en silice peut descendre à 43 % sans dépasser 52 %, peuvent présenter de l'olivine parmi leurs éléments essentiels ; de là résulte deux catégories, les *gabbros à olivine* toujours pourvus de plagioclases calciques, et les gabbros proprement dits où l'olivine fait défaut.

Les gabbros francs ainsi définis sont des roches verdâtres, toujours bien cristallisées, qui n'admettent plus de variétés compactes comme les diabases avec lesquelles elles offrent beaucoup d'analogie. Le diallage qui devient leur élément caractéristique s'y présente en cristaux lamelleux, d'un gris verdâtre ou brunâtre, à éclat nacré et métalloïde sur les faces de clivage facile h^1, dépourvus de contours extérieurs réguliers. Il est presque toujours associé à un pyroxène rhombique (hypersthène, enstatite ou bronzite) et surtout aussi à l'amphibole (hornblende) qui parfois paraît l'envelopper sur les bords. Ces relations du diallage et de la hornblende sont surtout bien nettes dans les sections minces où le diallage apparaît en grandes plages à contours irréguliers, très clivées, et plus souvent remplies des inclusions caractéristiques de ce minéral, qui déterminent son éclat bronzé sur le plan de lamellisation h^1. Le plagioclase des gabbros est le plus souvent du labrador ou de l'anorthite, qui se présentent l'un ou l'autre en cristaux d'un gris terne ou verdâtre plus ou moins développés, toujours opaques et sans contours réguliers. Le sphène et le fer titané en belles grilles hexagonales peuvent compter ensuite parmi les éléments les plus constants des gabbros ; accessoirement on y observe de l'apatite, de l'actinote, un mica brun très polychroïque dans les types andésitiques, qui peuvent contenir exceptionnellement du quartz granulitique à l'état secondaire, et surtout le grenat qui devient parfois assez abondant pour donner lieu à des gabbros grenatifères. Les produits d'altération secondaires sont ensuite, avec la chlorite très développée qui communique à ces roches leur coloration verdâtre habituelle en s'infiltrant dans les clivages et fissures du feldspath, la serpentine et l'épidote; on peut assigner la même origine à la calcite et au talc qui, résultant de la décomposition, viennent remplir les fentes et les cavités des éléments feldspathiques de la roche.

Euphotide. — Dans les Hautes-Alpes, un bon type des gabbros labradoriques francs est réalisé dans l'*Euphotide* du mont Genèvre qui présente, à l'œil nu, une association de feldspath mat, verdâtre et de diallage vert foncé à reflets métalliques éclatants. Ce diallage, mâclé avec de l'actinote et associé à la hornblende, forme le ciment de la roche en moulant le labrador qui se montre, au microscope, entièrement transformé en une substance gris-verdâtre polarisant à la façon des agrégats et attribuée à tort à la *Saussurite*, ce terme devant rester appliqué d'après MM. Fouqué et Michel Lévy (1) à une variété finement grenue de zoïsite. Le dernier terme de cette transformation subie par le labrador est marqué par un grand développement de petits prismes aiguillés d'actinote à pointements aigus. De grands cristaux de fer titané profondément déchiquetés, l'apatite en inclusion dans le diallage ou en prismes isolés, représentent ensuite les éléments les plus anciens de la roche.

(1) *Pétrographie microscopique*, p. 258.

Cette euphotide forme, au mont Genèvre, au travers des schistes lustrés keupériens, un dyke puissant de 5 kilomètres de long sur 2 à 3 kilomètres de largeur, flanqué à l'est d'une masse serpentineuse qui en dérive, et s'injecte dans les schistes encaissants ; dans l'ouest, c'est une variolite qui forme

Fig. 16. — Euphotide labradorique.
Gross¹ 60 diam. lumière polarisée ; nicols croisés.
1, fer titané ; 2, apatite ; 3, sphène ; 4, labrador ; 5, diallage.

la salbande de ce massif et remplit ce rôle. M. Lory a montré ensuite que tous les gîtes nombreux de l'euphotide et de serpentine du Dauphiné et de la Savoie étaient de même contemporains de la partie supérieure du trias (1). Dans toute

(1) Lory, *Description géolog. du Dauphiné*, 1860.

cette région des Alpes occidentales l'euphotide se présente en effet en nappes, ou le plus souvent en dykes, au travers des schistes lustrés triasiques qui se montrent injectés de serpentine au contact.

Distribution des euphotides. — L'époque keupérienne, avec laquelle le Trias a pris fin, a été marquée dans les *Alpes* par d'importantes émissions d'euphotide qui jouent dans cette région le rôle des ophytes dans les Pyrénées.

Dans les Alpes-du Queryras notamment ces roches vertes forment de grands massifs et le plus souvent des filons-couches épais alternant avec les schistes lustrés. Il en est de même dans toute l'étendue de la zone orientale du Briançonnais qui s'étend du mont Viso au mont Rose. Le principal épanchement d'euphotide s'observe dans cette direction à la Roche-Taillante (Hautes-Alpes) et les serpentines associées sont développées au point de fournir des exploitations actives, principalement autour de Saint-Véran, soit du village le plus haut perché de la France entière (2,000^{m}). Ce sont également de pareils pointements d'euphotide à grands cristaux de diallage qui forment, sur la crête de Maurin et de Ceillac, tous les pics dressés au-dessus des cols élevés de la Cula et de Clauzis.

Les euphotides, avec leur cortège habituel de serpentine, jouent également un rôle important dans la constitution de la *Corse* et s'y répartissent en deux groupes :

1° Euphotides labradoriques de la région orientale qui traversent les terrains primaires en nombreux filons sensiblement orientés N.-E.-S.E., souvent dressés sous la forme de dykes élevés ;

2° Euphotides à smaragdite, spéciales à la région, et

depuis longtemps connues sous le nom de *vert de Corse*, qui forment, à leur tour, dans la région d'Orezza, de puissants filons, engagés dans les schistes séricitcux du terrain primitif. On les trouve ensuite répandues en grand nombre à l'état de blocs roulés dans le lit des torrents qui drainent les vallées d'Orezza et de l'Azenani, notamment dans le lit du Fiumalto. La roche, compacte et très dure, formée d'un plagioclase grisâtre ou parfois violacé toujours foncé (labrador), et de smaragdite en grands cristaux d'un beau vert émeraude, est susceptible d'un beau poli et devient par suite l'objet d'une exploitation active comme pierre d'ornement. La smaragdite qui donne à cette euphotide labradorique son caractère particulier est une variété d'amphibole, très polychroïque, rentrant dans la catégorie des faits d'ouralitisation subis fréquemment par le pyroxène, qui passe ainsi à l'amphibole, en devenant polychroïque et présentant le réseau fin de clivages réguliers caractéristique des amphiboles.

Le *Hartz*, où nous avons vu les diabases largement développées, présente également de nombreux épanchements de gabbros et d'euphotides représentées, principalement aux environs de Hartzburg et de la Prele, par des roches à texture franchement granitoïde, les unes à anorthite, les autres à labrador avec diallage lamelleux à reflets bronzés, toujours associé à la hornblende et accompagné d'un grand développement de pyroxènes rhombiques.

Après avoir constaté leur trace dans les *Vosges* où des filons d'euphotide se présentent enclavés dans les schistes et grauwackes du carbonifère inférieur, aux environs d'Odéren et dans le val de Saint-Amarin, on peut ensuite signaler leur grand développement dans le *Piémont septentrional* où ces roches forment de larges enclaves transversaux dans le gneiss, aux environs de Biella et de Baldiserro, puis des nappes intercalées dans les schistes séricitcux, qui viennent constituer les lignes d'escarpement dans les montagnes de Savone à Gênes, en Ligurie; enfin, plus au sud, sous le nom de granitones, les euphotides, toujours associées à de grands massifs de serpentine, prennent beaucoup d'importance dans la Toscane, mais dans cette région les relations stratigraphiques de ces roches sont peu connues et leur âge n'a pu être déterminé d'une façon précise.

TROISIÈME GROUPE pyroxène rhombique dominant (Enstatite ou hypersthène) **Norites**	N. labradorique. N. anorthique. Ces deux types admettent des variétés à olivine (N. à olivine).

Norites. — Ces roches spéciales, limitées à un petit nombre de régions déterminées, résultent de l'association d'un plagioclase calcique avec un pyroxène rhombique du groupe de l'enstatite.

Dans ces roches grenues, franchement granitoïdes, essentiellement pyroxéniques, l'amphibole fait complètement défaut et c'est tantôt l'enstatite, tantôt l'hypersthène, accompagné de fer oxydulé et parfois d'un pyroxène vert chromifère, qui se trouvent associés à de l'anorthite ou du labrador. Il y a donc lieu de distinguer des *Norites labradoriques* et des *Norites anorthiques*. De plus, comme chez les gabbros, il en est qui admettent l'olivine parmi leurs éléments constituants et d'autres qui en sont dépourvues. Le mica noir et le diallage sont les seuls éléments accessoires qu'on y puisse rencontrer; enfin à l'état secondaire il faut noter la présence assez fréquente du quartz granulitique.

Les types de la combinaison enstatite et plagioclase sont bien réalisés dans le Hertz et surtout en Norwège où ces roches prennent leur principal développement (Hitteroë, Egersund, etc...) ; ceux à l'hypersthène sont surtout connus sur la côte du Labrador dans l'île Saint-Paul où on les a désignés sous le nom d'*hypersthénite*.

IV

Roches granitoïdes dépourvues de Feldspath

Péridotites. — A la suite des roches granitoïdes à pyroxène vient se placer une série intéressante de roches caractérisées par la prédominance marquée du péridot (olivine) et surtout par ce fait important de la disparition complète de tout élément feldspathique. Les types de transition avec les roches précédentes doivent être cherchés dans les diabases, gabbros et norites qui renferment l'olivine parmi les éléments de première consolidation.

Ces nouvelles roches très denses, essentiellement basiques, dépourvues de feldspath et chargées d'éléments ferrugineux bisilicatés, présentent de grandes variations dans la nature et la proportion des éléments intégrants. Associés à l'olivine, toujours prédominante et caractéristique, on remarque tantôt des pyroxènes francs comme l'augite (*Picrites*) ou le diallage, tantôt et le plus souvent des pyroxènes rhombiques, enstatite ou diopside. La combinaison de ces diverses espèces de pyroxènes avec l'olivine peut se trouver aussi réalisée, notamment en divers points de la Norwège où ces roches, bien développées, ne contiennent plus que 37 °/₀ de silice avec 48 °/₀ de magnésie et des traces notables de nickel. Dans toutes ces péridotites on remarque, avec de l'apatite, de la magnétite, du fer titané, du fer chromé, ainsi qu'un spinelle chromifère (picotite) très répandu.

Serpentines. — Toutes ces roches, où la magnésie l'emporte sur l'alumine, ont pour caractère commun leur fréquente et on peut dire souvent complète transformation en serpentine ; le péridot et l'enstatite étant parmi les silicates ferrugineux ceux qui se prêtent le mieux à cette transformation qui se résume souvent dans une simple hydratation du minéral. La serpentinisation atteint d'abord le péridot en s'effectuant du dehors au dedans, ainsi que sur le trajet des fentes qui le traversent, puis l'enstatite est à son tour attaquée, de préférence suivant ses clivages, et en dernier lieu le diallage. Quand la transformation est complète, on peut observer dans les sections minces, au milieu d'une masse serpentineuse verte, n'offrant entre les nicols croisés que les phénomènes optiques propres aux substances colloïdes et conservant souvent la forme des cristaux qui lui ont donné naissance, un réseau à mailles multiples, dans lequel on peut distinguer des veinules remplies de *chrysotile* fibreuse vert d'herbe, formée par voie de concrétion, et qui se signale par la vivacité de ses couleurs de polarisation. Parfois on observe, restés à l'état de témoins au milieu de la serpentine colloïde, des fragments inaltérés des minéraux qui lui ont donné naissance.

De là résultent des serpentines anciennes d'apparence massive ou s'épanchant dans les terrains traversés, qui correspondent à chacune des variétés que peuvent réaliser les roches péridotifères. Dans celles qui résultent principalement de la combinaison de l'olivine et de l'enstatite, comme celles de Baste dans le Bartz, on remarque un grand développement de *Bastite*, soit d'une variété de serpentine lamelleuse et clivable, à éclat métalloïde, qui résulte de l'hydratation de l'enstatite. Aussi ces péridotites prennent, dans cette région, la qualification de roches à *protobastite*.

Fig. 17. — Lherzolite de l'Étang de Lherz (Ariège).
Gross[t] 60 diam. Lumière polarisée ; Nicols croisés.
1, fer oxydulé ; 2, diopside ; 3, enstatite ; 4, picotite : 5, olivine.

Lherzolite. — Dans l'Ariège, aux environs de l'étang de Lherz, la lherzolite représente un bon type des associations réalisées par l'olivine avec l'enstatite et le diopside.

Cette roche en effet, dont la densité est de 4,08, est constituée par un agrégat granitoïde d'olivine incolore, d'enstatite brunâtre, de diopside, qui se fait remarquer par sa couleur vert-émeraude due à l'oxyde de chrôme, et de fer chromé (pléonaste). Tous ces minéraux, dépourvus de formes propres, sont le plus souvent en grains arrondis, et c'est le péridot qui apparaît comme le plus récemment formé ; il est toujours prédominant et se montre constamment traversé par des fissures remplies de serpentine. L'apatite y est rare ; la magnétite et l'ilménite (fer titané) ne s'observent également que par places et très clairsemées.

Principaux gisements. — La lherzolite qui prend, comme on sait, son principal développement dans l'Ariège, autour de l'étang de Lherz, se présente dans des conditions qui n'ont pas encore permis de déterminer son âge avec précision. Elle forme entre Lercour et l'étang de Lherz une série de dykes ou de pitons isolés jalonnant des lignes de fractures situées dans le prolongement de celles qui ont livré passage aux ophites, mais leur relation avec des couches fossilifères d'âge connu n'ont pas encore été établies.

A l'étang de Lherz, le principal gisement s'observe au milieu de ces calcaires cristallins si répandus dans les Pyrénées centrales et dont les relations stratigraphiques sont encore peu connues ; et c'est de même au travers de ces calcaires marmoréens dépourvus de fossiles qu'on observe, dans la vallée de Vic-Dessos, un des plus puissants filons de la région. On la retrouve ensuite dans quelques points plus élevés de la chaîne, notamment près des Eaux-Bonnes où M. Descloizeaux a signalé, au col de Lurdé, un piton de lherzolite adossé à des calcaires gris compacts, rendus cristallins au contact et chargés de cristaux de quartz noirs (souvent vendus aux visiteurs pour de la couzéranite).

Il est juste d'ajouter que certains auteurs, se basant sur ce fait que les bombes d'olivine qu'on rencontre dans les régions volcaniques de l'Auvergne et de l'Eifel offrent une composition très voisine de celle de la lherzolite, rattachent cette roche à la série éruptive récente.

En dehors des Pyrénées la lherzolite a été signalée dans un certain nombre de localités, très éloignées, en offrant cette particularité de ne subir aucun changement dans sa composition. Ces points sont situés : dans la Haute-Loire, au travers du massif granitique de Beyssac ; dans le Nassau septentrional, aux Roches-Noires près de Tringenstein ; enfin dans la vallée d'Alten en Tyrol.

Principaux gisements des roches périodotiques. — Dans le sud-ouest de l'*Andalousie*, la sauvage « serrania » de Ronda, spécialement constituée par une série puissante de roches cristallines primitives, de schistes archéens et de roches éruptives, d'allure et de composition variée, présente un développement exceptionnellement remarquable de ces roches éruptives à péridot, escortées de grands massifs de serpentine qui en dérivent exclusivement (1).

Des roches uniquement constituées par du péridot granulaire et du fer chromé comme la *dunite* de la Nouvelle-Zélande décrite par de Hochstetter, des lherzolites, passant fréquemment à la norite par l'apparition de l'anorthite en certains points, forment d'énormes massifs, aux formes remarquablement arrondies, ainsi que des filons minces traversant

(1) Mac-Pherson. Les roches de la Serrania de Ronda, *Ann. de la Soc. Esp. d'hist. nat.*, t. VIII, 1879.

les gneiss à cordierite le long de la côte, entre Benalmedena et Marbella, les schistes à andalousite entre Istan et Tolox, puis les schistes micacés archéens aux abords immédiats de Tolox ; ces roches sont vraisemblablement antérieures au trias d'après M. Michel Lévy (1).

Les serpentines, qui en dérivent, constituent à leur tour des chaînes de montagnes entre Malaga et Estepona. Quant aux norites franches elles s'observent principalement aux environs de Monda, et dans l'ouest de Tolox, sur les rives du rio Alfraguara où des filons d'une norite péridotifère à pyroxène mâclé avec l'enstatite percent les gneiss à cordiérite et les bancs épais de dolomie intercalés.

Les péridotites à diallage et enstatite prennent en *Norwège* leur principal développement en offrant aussi des termes de passage avec les norites, notamment à Almeklov, près du Gadalsvand, où une péridotite franche (Olivinfels), largement cristallisée, renferme des cristaux d'enstatite atteignant 3 centimètres de long.

Des péridotites à enstatite franchement éruptives, toujours associées à des norites, se retrouvent dans le *Hartz*, aux environs de Harzbourg dans la région des Gabbros, où elles se montrent postérieures au culm, et traversées par des filons de granulite et de pegmatite graphique ; et ce sont alors ces roches à péridot et à enstatite qui donnent lieu aux *serpentines à bastite* bien connues, de Baste.

En *Angleterre*, de grandes masses de serpentine qui paraissent le terme extrême de la transformation par hydratation

(1) MM. Michel-Lévy et J. Bergeron. Les roches cristallophylliennes et archéennes de l'Andalousie occidentale. *Comptes Rendus de l'Acad. des sciences.*

d'une roche à péridot-olivine avec diallage et enstatite sont à signaler, dans les Cornouailles, au cap Lézard, et de même à Ayrshère où de pareilles serpentines viennent s'infiltrer dans les calcaires du Silurien moyen (calcaires de Bala à *Cystidées*).

III

ROCHES PORPHYRIQUES BASIQUES

Variolite. — Le type globulaire est représenté, dans la série des roches granitoïdes basiques anciennes, par la *variolite.* Dans cette roche, en effet, qui tire son nom de ce fait qu'au milieu d'une pâte compacte d'un vert foncé apparaissent, accumulés, réunis en grand nombre, des globules de la dimension d'un pois ou d'une noisette, restant souvent en saillie à la surface des parties un peu altérées, les éléments cristallins sont ceux qui se tiennent habituellement dans les roches à diallage, telles que les euphotides. Ces globules, de nature feldspathique, sont essentiellement constitués par des microlithes fibreux d'oligoclase disposés par groupes radiés. Entre ces fibres feldspathiques élémentaires on observe des rangées de petits granules pyroxéniques, d'un vert pâle, attribuables à l'augite, et traversant cette fois tout l'ensemble du globule dans des directions diverses, puis des cristaux lamelleux d'actinote. La pâte amorphe, de nature serpentineuse, à texture fluidale et herlitique bien marquée, contient, distribués sans ordre, ces mêmes éléments, auxquels vient se joindre l'amphibole dans la variolite du mont Genèvre. Quelquefois, dans celle de la Durance, par exemple, les agrégats de granules d'augite et de grandes plaques d'actinote, sont à ce point développés dans la pâte, que celle-ci semble entièrement cristallisée. Cette pâte contient 45 % de silice alors que les globules en renferment 57 %.

Enfin il faut tenir compte que des actions ultérieures ont amené le remplissage des fissures qui, nombreuses, traversent la variolite dans toutes les directions, et des vacuoles dans celles qui deviennent amygdalaires, par une association complexe d'actinote, de pyroxène et de labrador ; plus rarement on y observe, avec de la serpentine, de la calcite avec de la calcédoine et de l'opale (Variolite des côtes de Mingrélie).

D'après M. Michel Lévy, qui a fait de la variolite une étude approfondie (1), cette roche représente le terme vitreux et porphyrique de la série des euphotides ; elle forme, en effet, au mont Genèvre, la salbande ouest du massif d'euphotide, et, dans beaucoup d'autres points, le bord de ces épanchements, en devant, par suite, sa nature vitreuse et sa texture sphérolithique à une consolidation plus rapide. Servant de condenseur aux émanations provenant du centre, elle se serait chargée d'un excès de silice, et c'est de la sorte que l'oligoclase a pu se substituer au labrador dans les globules.

Principaux gisements. — La fréquence bien connue de la variolite à l'état de galet dans les alluvions de la Durance et des principaux torrents qui descendent des Hautes-Alpes, tels que le Buech, celui de Servières aux environs de Chatelard,

(1) MICHEL-LÉVY. Note sur la variolite de la Durance, *Bull. Soc. géol. de France*, 3e série, t. V, p. 232, 1877.

atteste le développement pris par cette roche dans les grandes Alpes du Dauphiné.

Des affleurements s'observent dans le haut du vallon où la Durance prend sa source sous le nom de Clairée, et surtout aussi au col de Gondran où la variolite vient former le revêtement extérieur d'un massif d'euphotide.

Les points très restreints où des variolites globuleuses ont été signalées en dehors de la région des Alpes françaises sont ensuite, dans le sud, la côte de Pouzzoles près de Naples, le monte-Catini, près de Voltera, et les environs de Pietra-Mala (Toscane), ceux de Sostri près de Gênes; puis, dans le nord des Alpes, le cercle de Voigtland en Saxe où des variolites se montrent riches en épidote, celui de Berneck, dans la Haute-Franconi, au voisinage des massifs serpentineux exploités, puis dans le Fichtelgebirge (*montagne des Pins*) qui vient se placer sur les confins de la Saxe et de la Bohême.

IV

ROCHES TRACHYTOÏDES BASIQUES ANCIENNES

Orthophyres — Porphyrites — Mélaphyres

Deux temps de consolidation bien marqués ; magma de consolidation microlithique.	Microlithes d'orthose	Orthophyres (porphyre syénitique).
	Microlithes d'oligoclase.	Porphyrite micacée. Porphyrite amphibolique. Porphyrite augitique (diabasophyre).
	Microlithes d'oligoclase de labrador où d'anorthite, avec olivine parmi les éléments anciens.	Mélaphyre andésitique. Mélaphyre labradorique. Mélaphyre anortique.

Les roches à texture trachytoïde sout représentées dans la série ancienne par une suite, en quelque sorte continue, de roches de composition diverse, qualifiées autrefois de porphyre quand de grands cristaux de feldspath (*porphyre vert antique*) ou d'amphibole (*porphyre syénitique*) tranchaient sur une pâte sombre soit d'un vert foncé, soit brune, et de mélaphyre quand la masse devenait uniformément noire et compacte. L'analyse microscopique a montré, en effet, que la pâte aphanitique de ces diverses roches se résolvait en un riche tissu de minéraux variés de dimensions réduites (microlithes) parmi lesquels figurent surtout des feldspaths alignés, le plus souvent, en longues traînées fluidales, contournant les éléments plus anciens.

Suivant la nature de ces microlithes feldspathiques, on distingue, parmi ces roches, sous le nom d'*orthophyre*, celles où l'orthose se présente dans ces conditions, celui de *porphyrite* étant réservé à celles où l'oligoclase vient à son tour remplir ce rôle. En dernier lieu les *mélaphyres*, caractérisées par la présence constante du péridot (olivine) parmi les éléments anciens, peuvent admettre, sous cette forme microlithique, l'oligoclase, le labrador ou l'anorthite, et représentent le terme extrême, en même temps le plus basique de cette série. On peut ainsi diviser ces roches en deux groupes, d'ailleurs intimement liés l'un à l'autre, le *groupe porphyritique* qui comprend les *orthophyres* et les *porphyrites*, dépourvues de péridot, et le groupe *mélaphyrique* où l'olivine devient un élément essentiel caractéristique.

Ces roches, dites *trappéennes* à cause de leur disposition fréquente en coulées étagées, marquent au début de l'époque carbonifère une nouvelle manière d'être des roches éruptives, caractérisée par la combinaison d'une texture microlithique avec une proportion plus ou moins grande de matière amorphe, reste de leur état initial vitreux ; elles peuvent à juste titre être qualifiées de roches volcaniques des temps primaires (carbonifère et permien). Dans les orthophyres, en effet, on peut voir des représentants exacts des trachytes de la série récente, alors que les porphyrites ont avec les andésites les plus grandes analogies ; dans les mélaphyres, ensuite, il n'est aucun trait, soit dans la composition, soit dans la texture, qui ne se retrouve dans les basaltes, à ce point qu'on les désigne en Bohême sous le nom de *basaltite*. De même que les roches récentes trachytiques et basaltiques ont pour cortège habituel des produits projetés cinériformes ou scoriacés, de même celles orthophyriques, porphyritiques et mélaphyriques de la série ancienne se montrent escortées de pareils produits, les uns subaériens, les autres, et c'est le cas le plus fréquent, repris par les eaux et consolidés sous la forme de tufs stratifiés, entremêlés de conglomérats ou d'éléments bréchoïdes. Très souvent les porphyrites sont aussi accompagnées d'auréoles bréchiformes beaucoup plus développées que la roche franchement éruptive des filons ou des massifs. On sait aussi quelle importance ces tufs prennent au voisinage des épanchements de mélaphyre ; notamment dans le mansfeld, où M. Credner (1) attribue à des *bombes mélaphyriques* les fragments pyriformes et scoriacés de mélaphyre contenus en grand nombre dans les grès rouges permiens.

I

Orthophyres et Porphyrites

Orthophyres. — Les orthophyres, caractérisés par un développement d'orthose à l'état microlithique dans la pâte, sont des roches d'apparence compacte, marquées de colorations toujours sombres, d'un noir verdâtre passant au brun, ou d'un vert brunâtre foncé. Le mica noir est tout à la fois leur

(1) Credner. *Traité de géologie*, p. 452.

élément le plus constant et souvent le seul qui soit discernable à l'œil nu. Elles deviennent ocreuses dans les parties exposées depuis longtemps à l'air, et leur altération donne lieu à des arènes cendreuses grisâtres, plus ou moins chargées de mica, au milieu desquelles subsistent souvent à l'état de blocs arrondis les parties les plus résistantes de la roche.

La pâte dépourvue de silice libre est formée de microlithes allongés de mica noir, et d'orthose en cristaux rectangulaires mâclés, très raccourcis, disposés en traînées fluidales quand la matière amorphe reste bien développée, ou d'autres fois enchevêtrés, sans ordre, à la manière d'un feutrage serré, en donnant à la roche l'aspect d'une masse entièrement cristallisée ; souvent on l'observe pointillée de magnétite, et l'oligoclase, en faible proportion, peut venir s'associer à l'orthose. Les cristaux anciens les plus constants sont, avec l'apatite remarquablement développée, le mica noir en proportion variable, mais ne faisant jamais défaut, et des éléments ferromagnésiens, pyroxène ou amphibole, d'une détermination souvent difficile en raison de leur altération profonde et de leur transformation par les actions secondaires en calcédoine et en produits ferrugineux, plus rarement en chlorite ou serpentine et en calcite. Leurs contours extérieurs, bien conservés, et des traces de clivages persistant dans les parties chloritisées, permettent de les déterminer avec une précision suffisante et de distinguer, de la sorte, des *orthophyres à pyroxène* et des *orthophyres à amphibole*. Ces roches peuvent admettre ensuite du quartz en grains arrondis très clairsemés, avec, dans les variétés porphyroïdes, un plagioclase en débris, et souvent de grands cristaux d'orthose toujours brisés et corrosés. Leur teneur en silice est de 61 à 65 %.

Porphyrites. — Les porphyrites, avec des traces de fluidalité bien accusées par l'alignement des microlithes d'oligoclase suivant des directions déterminées, se font remarquer par la prédominance fréquente de l'élément amorphe. Ce sont encore des roches marquées de colorations sombres, vertes, brunes ou noirâtres, d'apparence compacte comme les orthophyres, qui ne se laissent déterminer qu'à l'aide d'une observation microscopique.

Les unes, complètement dépourvues d'éléments cristallins distincts à l'œil nu, prennent la compacité et les cassures tranchantes des roches pétrosiliceuses, d'autres un aspect porphyrique avec de grands cristaux de feldspath d'un blanc opaque ou verdâtre tranchant sur le ton sombre de la pâte, comme dans le *porphyre vert antique* (porphyrite augitique à labrador).

Il en est aussi qui se présentent globuleuses comme la variolite, et, dans ce cas, les globules sont déterminés par la disposition radiée des microlithes d'oligoclase devenus fibreux. Cette texture globulaire dans les porphyrites, jointe à un grand développement de la matière amorphe, s'observe de préférence sur le bord des filons par suite du refroidissement plus rapide des salbandes de la roche.

Le plus souvent dépourvues d'éléments feldspathiques de première consolidation, elles renferment, comme silicates ferro-magnésiens, le mica noir, l'amphibole (hornblende) ou l'augite dans les variétés les plus basiques.

Ces éléments pouvant se rencontrer dans la pâte à l'état microlithique avec l'oligoclase, on peut distinguer dans les porphyrites les trois types suivants :

1° *Porphyrite micacée.* On y observe :

I. Première consolidation. *Apatite* abondante ; *mica noir* (biotite) en proportion variable ; *pyroxène* en cristaux *simples ou mâclés*, le plus souvent très altéré par les actions secondaires.

FIG. 17. — PORPHYRITE LABRADORIQUE A PYROXÈNE DE BELFAHY (Vosges).
Gross[t] 80 diam. Lumière polarisée, nicols croisés.
I. — 1, Fer oxydulé ; 2, Augite ; 3, Labrador.
II. — 4, Microlithes d'oligoclase et de fer oxydulé.

II. Seconde consolidation. Microlithes d'*oligoclase* simples ou mâclés, à extinctions longitudinales, disposés en traînées fluidales ; microlithes allongés de *mica noir* ; *fer oxydulé*.

III. Produits secondaires. *Quartz* grenu ; *chlorite*, plus rarement *serpentine* et *calcite* développées principalement aux dépens du pyroxène.

2° *Porphyrite amphibolique*.

I. *Fer titané* et *fer oxydulé* ; *labrador* à mâcles multiples suivant les lois de l'albite et du périkline ; *pyroxène* souvent ouralitisé, c'est-à-dire régulièrement transformé à sa périphérie en amphibole.

II. Microlithes fluidaux d'*oligoclase ;* microlithes allongés et fibreux *d'actinote ; fer oxydulé.*

III. *Chlorite*, ou plus rarement *serpentine* et *calcite ; pyrite* fréquente.

3° *Porphyrite augitique* (*diabasophyre*).

I. *Fer oxydulé* en grands cristaux cubiques ou octaédriques réguliers, souvent entourés d'un enduit de sphène (leucoxène); *augite*, en cristaux parfois de grande taille simples ou à mâcles multiples, très peu colorés, présentant, avec des sections régulières, les extinctions et les clivages normaux ; *labrador*, très abondant, avec mâcle de Baveno très fréquente, amenant le groupement en croix de deux individus mâclés suivant la loi de l'albite.

II. Microlithes d'*oligoclase* et de fer oxydulé.

III. *Chlorite*, *épidote* en filonnets, nettement caractérisée par sa couleur, ses clivages, sa forte réfringence, la position de ses axes optiques, la forme et le signe de ses sections ; pyrite fréquente.

Les termes intermédiaires entre les orthophyres et les porphyrites sont réalisés dans des porphyrites orthophyriques micacées qui admettent dans la pâte un mélange de microlithes d'orthose et d'oligoclase. On connaît aussi des porphyrites micacées qui deviennent augitiques en présentant cette fois une association de microlithes de mica noir et d'augite.

L'expression de *porphyrite andésitique* convient ensuite à celles de ces roches qui ne renferment plus dans la pâte que des microlithes d'oligoclase avec ou sans fer oxydulé, circonstance fréquemment réalisée.

Brèches et tufs. — Les tufs orthophyriques ou porphyritiques sont des roches détritiques, dures, très résistantes, d'un gris foncé ou verdâtre, formées de fragments, très brisés, de feldspath et d'éléments ferrugineux, disposés souvent par lits parallèles et rendus cohérents par l'intervention d'un ciment de formation secondaire dû à l'altération des cristaux en débris qui composent ces tufs ; ils représentent ainsi des produits de projection remaniés par les eaux.

Leur compacité les a souvent fait qualifier de *grès métamorphiques*. On les observe disposés par bancs épais nettement stratifiés et souvent divisés verticalement, par des fentes de retrait. Quelques-uns ont le caractère d'épanchements boueux ; telle doit être l'origine du *gore blanc*, du bassin houiller de Saint-Étienne, qui se présente au toit des principales couches de houille sous la forme d'un grès schisteux, d'un blanc grisâtre ou jaunâtre, presque exclusivement formé de débris feldspathiques plus ou moins kaolinisés. A *Rive-de-Gier*, le tuf siliceux bréchiforme à empreintes végétales nommé *talourine* est de même nature et annonce l'intervention de sources siliceuses ; les cristaux lamelleux de feldspath fondus dans la masse pétrosiliceuse ne sont plus altérés; il en est de même pour les paillettes de mica qui sont demeurées intactes. Fréquemment aussi ces tufs se montrent vacuolaires et leurs cavités, de dimensions réduites, se montrent remplies de calcite, d'opale et de calcédoine. Une chlorite verdâtre, polarisant dans les teintes bleuâtres, et positive dans le sens de l'allongement, forme habituellement le premier revêtement de ces vacuoles. La coloration verdâtre habituelle des tufs porphyritiques est due à un grand développement de cette chlorite qui s'infiltre dans toute la roche et apparaît comme le résultat de la transformation complète de l'amphibole ou du pyroxène. Dans les tufs très altérés, elle est remplacée par une serpentine verte complètement dépourvue d'action sur la lumière polarisée. La fréquence des filonnets d'épidote dans les tufs porphyritiques est de même à signaler.

Les *brèches* qui viennent former, autour des épanchements des orthophyres et surtout des porphyrites, des auréoles souvent plus étendues que la roche franche des coulées ou des filons, sont formés de fragments de l'une ou l'autre de ces roches, de dimensions très diverses, mais toujours anguleux et cimentés par une matière amorphe plus ou moins colorée, nettement fluidale, très abondante et souvent de nature pétrosiliceuse. Des débris de feldspath et d'éléments ferrugineux s'y observent, mais plus clairsemés que dans les tufs et moins altérés; dans ces brèches où tous les éléments fragmentaires sont en désordre, l'allure stratiforme des tufs disparaît et dans la pâte compacte, à cassure souvent vive et tranchante, les zônes de fluidalité sont marquées par de longues traînées de granules ferrugineux et de granulations opaques, qui enveloppent les parties fragmentaires, laissant entre elles des parties claires, complètement amorphes. Dans ces parties limpides on peut noter la présence assez fréquente de microlithes fluidaux d'oligoclase; l'origine éruptive de ces formations bréchiformes est ainsi indiscutable.

Distribution des Orthophyres et des porphyrites; principales dates de leurs émissions. — Les orthophyres et les porphyrites sont des roches essentiellement caractéristiques des temps carbonifères; après avoir laissé des traces nombreuses sous forme de tufs ou de coulées dans les dépôts anthracifères à flore du culm (*porphyres noirs* du culm), on les voit former le remplissage d'innombrables filons le plus souvent minces (1 à 2 mètres), mais très étendus et remarquablement rectilignes, ou bien s'épancher en coulées au travers des diverses assises du terrain houiller (carbonifère moyen et supérieur). Les porphyrites se poursuivent ensuite au delà jusque dans les assises inférieures du permien, où elles font bientôt place aux mélaphyres.

En divers points du *Plateau-Central*, notamment à Cussel, près de Vichy dans l'Allier, et de même dans le *Morvan* aux environs de Luzy et à Ménessaire, les schistes et calcaires du carbonifère inférieur sont recouverts, comme dans la Loire, par une puissante formation de tufs porphyritiques (*roches vertes*) qui alternent à la base avec des schistes à empreintes végétales contenant les espèces caractéristiques du culm, et au sommet avec des coulées interstratifiées d'orthophyre à mica noir et de porphyrites andésitiques à pyroxène, identiques aux porphyres noirs du Roannais. Tout cet ensemble se montre traversé au voisinage de Saint-Honoré par de nombreux filons, nord nord-est, de microgranulite et de porphyres à quartz globulaire, dont le plus important vient aboutir contre la grande faille terminale du Morvan au point même d'émergence des sources de cette station thermale, près des carrières ouvertes dans le grand massif d'orthophyre à mica noir sur lequel se trouve établi Saint-Honoré. Le dépôt des premières couches permiennes dans le Morvan (schistes bitumeux de Millery) a été précédé ensuite par la sortie, l'émission des *porphyrites micacées*. Sur la bordure septentrionale du bassin permien d'Autun, ces roches, en effet, après avoir traversé les couches houillères d'Epinac et du Grand-Moloy, qui appartiennent au terme le plus élevé du terrain carbonifère, constituent sous les schistes bitumineux de grandes coulées ou des épanchements en masse qui ne pénètrent pas dans les couches permiennes. Tels sont les pointements porphyritiques des Pelletiers, du Maugun près d'Igornay, d'Essertenne et du Buet près d'Epinac, qui jalonnent d'une façon remarquable la bordure nord de ce bassin permien. Ces mêmes porphyrites micacées se poursuivent ensuite dans l'intérieur du Morvan, en formant le remplissage d'innombrables filons minces, de 1 à 2 mètres de puissance, perçant toutes les roches de la contrée (granulites, gneiss et granites, microgranulites, porphyres globulaires et pétrosiliceux), et se poursuivant sur plusieurs kilomètres avec une direction nord-ouest sud-est, comprise entre 120° et 150°. Les deux faisceaux les plus importants sont situés: l'un près d'Aligny (Moux, Goie); l'autre près de Château-Chinon (Champseur, Tour-du-Compte). Elles sont également fréquentes en filons isolés aux environs de Blismes, Mhère et Planchez (1)..

Dans l'*Allier* les divers bassins houillers lacustres de Commentry, Montvicq, Deneuille, Baxière et Noyant, nettement alignés sur une grande fracture qui s'étend au travers du plateau central, sur près de 200 kilomètres depuis Decize jusqu'à Pleaux (Cantal), sont marqués par de nombreux épanchements de roches de cette nature; des orthophyres et principalement des porphyrites s'y présentent, soit en filons nombreux presque tous dirigés dans le sens de la grande ligne de dislocation sur laquelle s'étagent les bassins houillers, soit et surtout en nappes interstratifiées dans les schistes et les grès

(1) Michel-Lévy. *Bull. Soc. géol. de France*, 3e série, t. VII, p. 763, 1879.

qui encaissent la houille. La majeure partie des *dioritines* de Commentry qui percent le terrain houiller en transformant parfois la houille en coke au contact (tranchée Saint-Edmond), sont des porphyrites micacées appartenant à des types vacuolaires à texture sphérolithique (1) ; il en est de même pour les filons nombreux qui, sur le bord du bassin de Denouille et de Villefranche, recoupent les assises houillères, sans pénétrer dans les arkoses et grès permiens qui les recouvrent. A ces mêmes porphyrites doivent se rapporter les filons nombreux de dioritine altérée, qui s'observent groupés en faisceaux au travers du gneiss et du granite, près de Cérilly, au sud de Montluçon, ainsi que le puissant massif du Cerclier à l'ouest de Commentry, qualifié autrefois de basalte, la porphyrite s'y présentant scoriacée et remplie de soufflures à la manière des lave. Dans le bassin de Noyan, la roche noire, lourde et compacte, connue sous le nom de *basanite*, appar..ent aux types plus basiques des porphyrites andésitiques à pyroxène, et se présente en coulées interstratifiées dans les grès et schistes qui supportent les couches de houille. On la retrouve ensuite à l'état de galets dans les conglomérats du sommet. Il en est de même dans le bassin de Montvicq qui occupe un niveau supérieur à celui de Commentry, et où les porphyrites ne se présentent plus que sous cette forme de galets engagés dans les poudingues et conglomérats. De tous ces faits il résulte que ces éruptions, accompagnées d'épanchements boueux (les tufs ne faisant pas défaut), ont dû se faire à plusieurs reprises au milieu de ces bassins houillers, vers la fin de l'époque carbonifère.

Une succession en tous points comparable à celle du Mor-

(1) De Launay. Les porphyrites de l'Allier. *Bull. de la Soc. géol. de France*, 3e série, t. XVI, p. 86 1888.

van s'observe dans le *Beaujolais*. Superposée aux schistes et aux calcaires à *Productus* du carbonifère inférieur, une puissante formation de tufs orthophyriques et porphyritiques, enchevêtrés à la base avec des schistes à plantes du culm (*Sagenania*, *Sphenopteris dissecta*), présente au sommet des coulées intercalées d'*orthophyre* à mica noir et de *porphyrites andésitiques* à pyroxène. C'est l'équivalent exact des grès anthracifères et des porphyres noirs du Roannais; puis, au travers des assises houillères qui se rapportent au carbonifère supérieur, on remarque de nombreux filons de *porphyrites micacées*, accompagnées de *porphyrites amphiboliques* et de types augitiques plus basiques passant aux *mélaphyres* (1).

Ce sont alors ces roches qui, répandues par milliers en filons minces dans les massifs granitiques du Beaujolais, constituent la principale source de fertilité de la région vinicole. L'action prolongée des eaux météoriques altère profondément ces porphyrites qui se réduisent en arènes terreuses (*terre noire* des vignerons), activement exploitées comme amendement.

Les *Vosges* peuvent à leur tour compter comme une région classique pour les porphyrites. Ces roches, en effet, avec leurs tufs et leurs brèches associés, prennent une large part dans la composition du carbonifère de la région, et leur âge peut être encore fixé de la façon la plus nette par leur intime liaison avec les sédiments de cet âge.

Elles ont marqué le début et la fin de l'époque anthracifère, soit du carbonifère inférieur; dans toute la région des Vosges les assises inférieures du carbonifère sont représentées par

(1) Michel-Lévy. Les roches éruptives basiques, cambriennes du Mâconnais et du Beaujolais. *Bull. de la Soc. géol. de France*, 3e série, t. XI, p. 273, 1883.

une série puissante de dépôts schisteux, intimement liés à des émissions porphyritiques escortées par des massifs épais de tufs et de brèches. Il en est ainsi sur le revers nord du massif des Ballons, dans la vallée de la Bruche, où le soubassement des calcaires marmoréens à *Productus* (faune de Visé) est formé par une série puissante de schistes silicifiés transformés en cornéennes compactes par des injections multipliées de porphyrites compactes qui présentent les cassures vives et tranchantes des porphyres pétrosiliceux. Dans l'ouest les roches noires trappéennes qui prennent tant d'importance aux environs de Raon-l'Étape, et ne sont autres que des *porphyrites andésitiques* à amphibole, sont aussi du même âge. Dans les exploitations qui mettent à jour ces roches sur de grandes étendues, on peut les voir disposées en coulées interstratifiées dans les phyllades carbonifères profondément modifiées. Ce sont ces mêmes roches qui fournissent, plus loin, dans la vallée du Rabodeau, la pierre à aiguiser de Moyenmoutiers. Dans cette vallée, les schistes carbonifères, presque verticaux et devenus compacts, servent de support au grès rouge permien qui s'étend au-dessus en couches horizontales. Les tranchées du chemin de fer à voie étroite qui dessert cette vallée mettent à jour, au milieu de ces schistes, de grandes traînées de tufs porphyritiques accompagnées de massifs épais d'une porphyrite schisteuse, recoupée par des filons de porphyre pétrosiliceux d'âge permien.

Le grand massif de granite à amphibole, qui forme les ballons d'Alsace et de Servance, est presque tout entier entouré par des roches de cette nature, auxquelles viennent se joindre des coulées très étendues de microgranulite ; et c'est ensuite au travers de ces mêmes schistes carbonifères que s'élèvent, sur les contreforts méridionaux du ballon d'Alsace, les grands dykes de *porphyrite augitique a labrador* de Belfahy et du col de la Chevestray près de Fresne (*Diabasophyre*), qui rappellent, par leur aspect et leur composition, le *porphyre vert antique* de la Morée.

Ce sont de même souvent des tufs porphyritiques qui viennent former le ciment des grands massifs de brèches calcaires à faune de visé de la vallée de la Bruche, et parfois, comme à Wissembach, c'est une porphyrite qui remplit ce rôle, en venant s'infiltrer dans tous les interstices des parties fragmentées de ces calcaires marins.

On sait ensuite quelle importance prennent les formations porphyritiques dans les sédiments côtiers du *culm*, les grauwackes de Thann et de Burbach, qui renferment à l'état d'empreintes bien conservées les *Cardiopteris* à larges pinnules, les *Sphénopteris* et les grandes lepidodendrées (*Lépidodendron Veltheimianum*) caractéristiques de cette assise, n'étant pour la plupart que des brèches ou tufs de porphyrites.

C'est à cette date que viennent se placer ces grands épanchements de *porphyres bruns* (*porphyrite andésitique à amphibole*) qui prennent tant de développement dans les vallées de Thann et de Massevaux, de Giromagny et de Plancher-les-Mines, où ils se montrent tantôt en nappes épaisses, régulièrement intercalées dans les grauwackes du culm, tantôt dressés en massifs isolés comme ceux qui se présentent nombreux aux environs de Bitschwiller ; les cimes élevées, remarquablement arrondies, du ballon de Guebwiller, du Gresson et du Rossberg en sont formées.

Les porphyrites micacées, si répandues dans le Morvan et sur les bords des bassins houillers lacustres du plateau central, paraissent faire défaut dans les Vosges. Dans les petits bassins houillers vosgiens, localisés dans deux dépressions situées de part et d'autre de la chaîne centrale, l'une au pied des ballons de Servance et d'Alsace, l'autre sur le versant nord du massif du Champ-du-Feu, et qui se répartissent en quatre groupes distincts correspondant chacun, d'après l'examen de leur flore, à l'une des phases de végétation qui se sont succédé pendant l'époque carbonifère, après celle du *culm* (1), les porphyrites sont absentes et ne se rencontrent qu'exceptionnellement dans le voisinage des gîtes houillers de Hury, près de Sainte-Marie-aux-Mines, et de Lalaye près d'Urbeis, en filons minces engagés dans les roches gneissiques qui forment le soubassement de ces bassins, et ce sont alors des *porphyrites andésitiques à pyroxène* qui se présentent dans ces conditions.

Les émissions porphyriques, si actives pendant toute la durée du carbonifère inférieur dans les Vosges, après avoir subi un ralentissement marqué pendant toute la durée de cette grande phase d'émission qui correspond à la formation de la houille, ont pris fin au permien, après avoir donné naissance à des roches de composition variée dont les derniers termes devenus augitiques préparent en quelque sorte l'avènement des mélaphyres qui vont prédominer à l'époque du grès rouge. C'est, en effet, une porphyrite augitique à pyroxène, très appauvrie en éléments feldspathiques, avec matière amorphe très abondante, qui se présente dans les couches moyennes du grès rouge, au sommet du bois des Faîtes près de la Grande-Fosse, sur le versant nord des Vosges.

(1) L'Abbé Boulay. Terrain houiller des Vosges, *Bull. soc. d'hist. nat. de Colmar*, 1879.

Dans le *Var*, ces porphyrites augitiques à pyroxène permiennes prennent beaucoup d'importance, notamment dans le bassin permien du Reyran qui vient s'appuyer contre le massif ancien de l'Esterel. Ces porphyrites, après avoir traversé les grès et schistes houillers, forment des épanchements en nappes alternant avec des coulées de porphyre pétrosiliceux au milieu des schistes à *Walchia* et les schistes rouges qui forment la base du permien dans cette région. Elles s'observent ensuite nombreuses en filons minces très altérés, au milieu des gneiss de la région des Maures, ainsi qu'en massifs isolés, comme celui de la Garde, près de Toulon, qui se trouve séparé des grès permiens par des alluvions.

Région des Alpes. — En dernier lieu, il convient de signaler le développement pris par ces roches sur le versant méridional des Alpes, dans les environs de Lugano, où de vastes coulées de porphyrites andésitiques riches en fer oxydulé, étendues sur des micaschistes, se montrent identiques comme aspect et comme composition avec les porphyres noirs du culm si répandus dans le Plateau Central, et recoupées, comme eux, par des filons de porphyres rouges quartzifères.

Régions étrangères. — En *Angleterre*, les roches porphyritiques très fréquentes, soit en filons, soit en nappes interstratifiées, dans le terrain carbonifère où elles sont connues depuis fort longtemps sous les noms de trapps, whinstones, toadstones, green-rocks, offrent avec les mêmes allures une composition en tous points semblable à celle des différents types que nous venons de voir si répandus dans les districts carbonifères de l'Europe. Ces dénominations s'appliquent, en effet, à des orthophyres, à des porphyres augitiques et surtout à des porphyrites micacées, contemporaines des grès rougeâtres avec brèches et lits calcaires (Upper coal mesures), qui terminent le terrain houiller anglais. Des tufs porphyritiques, avec une porphyrite associée à des minerais de cuivre, s'observent en dernier lieu dans les assises permiennes.

Dans l'*Amérique du Nord*, où les sédiments carbonifères occupent des étendues considérables, les porphyrites ne sont connues jusqu'à présent que dans la région des montagnes rocheuses. Elles apparaissent nombreuses dans le grand bassin du Colorado, au travers des massifs puissants de calcaires et de grès rougeâtres qui envahissent tout le carbonifère et apparaissent dans leurs parties supérieures comme un facies marin du terrain houiller.

Il importe enfin de signaler l'étendue occupée sur la *côte égyptienne*, en face du Sinaï, par une zône de *porphyrite à amphibole* exploitée depuis des siècles au *Djebel Dokhan*, et bien connue sous le nom de *porphyre rouge antique*.

II

Mélaphyres

Avec une allure nettement filonienne, jointe à une intercalation fréquente en nappes très régulières dans les terrains stratifiés, les mélaphyres, qui deviennent l'équivalent ancien des basaltes de la série récente, ont pour trait caractéristique leur coloration noire ou d'un gris foncé, et leur densité qui peut atteindre 2,87, et ne descend pas au-dessous de 2,60. Ils ne contiennent en moyenne que 55 °/₀ de silice, avec 4,5 °/₀ d'alcalis, 7 °/₀ de chaux, 0,5 °/₀ d'oxyde ferreux et 3 °/₀ de magnésie.

Dans ces roches lourdes, compactes, à texture franchement trachytoïde, le péridot qui devient un élément essentiel caractéristique n'est jamais distinct à l'œil nu, ni réuni en amas granulaires comme dans les basaltes ; l'augite seule peut s'y présenter en cristaux suffisamment développés pour leur donner une apparence porphyroïde. Leur composition essentielle comporte des cristaux bien développés de plagioclase

Fig. 18 — Mélaphyre andésitique de la Grande Fosse (Vosges).
Gross' 80 diam. Lumière polarisée. Nicols croisés.

I. — 1, fer oxydulé ; 2, péridot ; 3, labrador.
II. — 4, microlithes d'oligoclase ; 3, microlithes granuleux d'augite et de fer oxydulé.

(labrador ou anorthite), de péridot, de magnétite, cimentés par une pâte vitreuse dans laquelle on remarque un développement de microlithes feldspathiques, de fer oxydulé, et quelquefois d'augite ; quand le plagioclase en grands cristaux est du labrador, les microlithes appartiennent à de l'oligoclase (*mélaphyre andésitique*) ; ces derniers sont du labrador, quand l'anorthite fournit les cristaux anciens (*mélaphyre labradorique*). Ces deux types deviennent *augitiques*, quand l'augite se présente à cet état microlithique. L'apatite, l'augite, le fer titané, figurent ensuite parmi les éléments accessoires les plus fréquents.

Dans les mélaphyres augitiques, la texture ophytique est souvent réalisée, l'augite se présentant en grandes plages lardées de cristaux de labrador ou d'oligoclase allongés suivant pg^1. On connaît aussi des mélaphyres très basiques qui sont exclusivement constitués par de grands cristaux de péridot et de fer oxydulé associés à des microlithes de fer oxydulé et d'oligoclase ou de labrador.

Enfin le dernier terme de cette série est représenté par les *mélaphyrites* où les éléments feldspathiques, devenus très rares, peuvent faire entièrement défaut. La pâte vitreuse resté bien développée.

Le type vitreux de ces roches basiques est réalisé dans des *rétinites mélaphyriques* que M. Von Lasaux a décrites sous le nom de *mélaphyrpechstein* (1). Ces roches, bien développées au Weilsselberg, près Saint-Wendel (Saxe), sont formées d'une pâte vitreuse brune contenant, avec des rangées fluidales de cristallites arborescents, analogues à ceux des rétinites récentes (2), des granules microscopiques d'olivine, de

(1) Von Lasaux. *Pétrographie*, p. 226.

(2) Ces cristallites arborescents, qui résultent d'une dévitrification de la pâte des roches vitreuses, ont été l'objet d'une étude spéciale par M. Gentzsch qui les a décrits comme des organismes.

magnétite et d'augite, avec des microlithes feldspathiques plus rares et très clairsemés.

L'olivine, de consolidation toujours antérieure aux éléments feldspathiques, incolore dans les plaques minces, ne se présente en cristaux bien délimités que dans les mélaphyres à pâte vitreuse bien développée ; le plus souvent elle apparaît en grains à contours complètement arrondis, craquelés ou brisés, au milieu d'un feutrage serré, formé par l'enchevêtrement des microlithes feldspathiques. Le fer oxydulé s'y présente en petits cristaux, avec parfois des inclusions vitreuses. Sa transformation fréquente en serpentine est de même à signaler.

Les mélaphyres sont souvent vacuolaires et deviennent *amygdaloïdes* en présentant leurs nombreuses cavités remplies de calcite, de zéolithes diverses, de delessite (*terre verte*) et surtout de calcédoine. Ce sont les mélaphyres amygdaloïdes qui fournissent les plus belles variétés de calcédoine zonée (agates).

Ces calcédoines géodiques et les zéolithes sodiques (*mésotype* en noyaux sphéroïdaux radiés) ou sodico-calciques (*analcime* en petits cristaux trapézoédriques à éclat nacré, *mésolithe* en masses fibreuses), qui indiquent une circulation postérieure d'eaux thermales siliceuses et bicarbonatées sodiques, sont surtout fréquentes dans les tufs argileux qui accompagnent très souvent les mélaphyres.

Age et principaux gisements. — Les mélaphyres, concentrés avec leurs tufs dans ces grès rouges permiens de la France et de l'Allemagne, se sont épanchés ensuite en nappes dans les grès triasiques du Tyrol et des États-Unis.

La phase du grès rouge à l'époque permienne a été marquée, en Europe, par de grands épanchements de mélaphyres, affectant nettement le caractère de coulées, et les relations de ces roches avec les formations détritiques intercalées sont si étroites que leurs éruptions sont incontestablement contemporaines.

En *Allemagne*, par exemple, les grès rouges de la Saxe et du Palatinat, particulièrement riches en épanchements de ce genre, sont caractérisés par leur alternance avec de grandes nappes mélaphyriques noires et d'aspect basaltique. Les tufs mélaphyriques sont de même nombreux et prennent une large part dans la composition de ces assises permiennes. C'est dans le Palatinat que se présentent certaines variétés amygdaloïdes depuis longtemps célèbres pour la dimension et la beauté des rognons d'agate contenus dans leurs cavités ; agates très recherchées comme pierre d'ornement, et qui sont l'objet à Oberstein d'une exploitation active très ancienne.

En *Bohême*, dans les montagnes des Géants (*Riesengebirge*) qui séparent cette région de la Silésie, les mélaphyres sont intercalés en nappes dans les couches du grès rouge inférieur (*Rothliegendes*) ; on peut en compter jusqu'à cinq nappes superposées, et, dans la vallée de l'Iser, les grès rouges décolorés (*Weisliegendes* ou *Grawliegendes*) qui se tiennent au sommet de cette assise sont à leur tour recouverts par une épaisse nappe de mélaphyre plus récent. Les grès au contact n'ont subi aucune modification notable, mais dans les calcaires engagés sous la forme de lentilles, dans les schistes rouges intercalés au milieu des assises du *Rotheliegende*, les mélaphyres ont développé, avec de la sidérose, de la calcédoine et de la dolomie ; dans les schistes on remarque une production d'opale bleue.

Dans l'*Odenwald* et la *Silésie*, les mélaphyres avec tufs

nombreux restent cantonnés dans les assises inférieures du grès rouge.

Dans la région permienne de la *Saxe*, les mélaphyres succédant, comme dans les Vosges, aux porphyres pétrosiliceux remarquablement développés, avec argilolithes et pechsteins (Zwickau) associés, se présentent comme d'habitude en nappes intercalées dans le grès rouge inférieur. Puis, dans le Mansfeld (Haute-Saxe) on remarque, dans les grès en plaquettes décolorées de la partie supérieure, des intercalations régulières de couches gréseuses remplies de ces blocs scoriacés que M. Credner attribue à des *bombes mélaphyriques* tombées dans les lacunes peu profondes où se déposaient les grès permiens. Des faits analogues ont été signalés dans le nord de la Bohême et le Thüsingenwald (1).

Plus au nord, dans le massif ancien du *Hartz*, les mélaphyres associés à des porphyrites se sont fait jour également, comme en Silésie, au travers des assises inférieures du grès rouge, et leurs nappes à Irfeld peuvent atteindre de 60 à 70 mètres d'épaisseur.

Des *mélaphyres* plus récents s'observent ensuite dans le bassin de la *Sarre*. Dans ce bassin, situé dans une dépression comprise entre la chaîne du Hunsrück et celle des Vosges, le grès rouge, bien développé aux environs de Trèves, apparaît, dans les vallées de la Nahe et de la Moselle, complètement dépourvu de roches éruptives intercalées.

Des galets nombreux de mélaphyre, souvent aussi de porphyre pétrosiliceux, s'observent alors dans les conglomérats de la base, et les nappes mélaphyriques s'observent, en beaucoup

(1) Credner. *Traité de géologie*, p. 452.

de points, interstratifiées avec des coulées de porphyrite et de porphyre pétrosiliceux, dans les assises inférieures du permien, représentées par les schistes à *Walchia* et à *Callipteris* de Cussel, et par les couches houillères de Lebach où des rognons de fer carbonaté renferment souvent des squelettes de reptiles (*Archegosaums*), alors que des poissons (*Paleoniscus*, *Amblypterus*, *Xenacanthus*) sont répandus en grand nombre dans des schistes argileux. Une dernière coulée de mélaphyre compact d'aspect basaltique, parfois amygdaloïde, se représente au milieu des argilolithes qui séparent ces couches du grès rouge.

Dans les *Vosges*, c'est le dépôt de grès rouge qui a été accompagné puis suivi par les éruptions mélaphyriques. Alors que des porphyres pétrosiliceux violets, très fluidaux, accompagnés de masses puissantes d'argilolithes avec troncs silicifiés de cordaïtes et de fougères arborescentes, constituent la base du permien dans cette région, des mélaphyres souvent amygdaloïdes (*spilite*) prennent une large place dans les formations arénacées du permien moyen. Leurs premières intercalations, représentées par un mélaphyre feldspathique brunâtre, dépourvu d'augite, s'observent en de nombreux points dans la masse moyenne argileuse du grès rouge (Colroy-la-Roche, la Petite-Fosse, dans la région permienne de Sénonnes, Provenchère, montagne d'Ormont, dans celle de Saint-Dié) ; ces coulées deviennent nombreuses et souvent consolidées par blocs dans la masse supérieure, où des accidents dolomitiques et siliceux (rognons de dolomies et silex cornés rouges) sont le plus souvent répandus en grand nombre dans des tufs mélaphyritiques (*mélaphyres labradoriques* de Sénones, Provenchères, Rémemont, Petite-Raon) ; puis, traversant tout cet ensemble, on observe dans les environs de Nayemont, de grands filons de *mélaphyres andésitiques* à structure ophytique, qui viennent aboutir, sous le bois de la Grande-Fosse, à une grande coulée terminale subordonnée à un massif de tufs assez puissant. Le permien dans les Vosges prend fin avec ces mélaphyres qui offrent cette particularité remarquable de s'enrichir en silice en traversant le grès rouge et de présenter, dans la zône de contact, les sphérolithes à croix noire et les filonnets calcédonieux secondaires des porphyres pétrosiliceux (1).

Postérieurement à ces épanchements, on ne rencontre plus d'intercalations de mélaphyres bien caractérisées que dans les dépôts triasiques alpins du Tyrol italien (Austro-Hongrie).

Dans les régions peu troublées de l'Europe septentrionale et occidentale (Lorraine, Souabe et Franconie) où le trias est principalement représenté par des formations littorales ou lagunaires gypsifères et salifères placées dans les conditions originelles de leur dépôt, c'est-à-dire étendues en couches horizontales, les roches éruptives font complètement défaut; mais dans les régions méditerranéennes, sur le bord septentrional de la grande mer qui occupait alors l'emplacement du bassin de la Méditerranée, on remarque d'importants massifs éruptifs qui deviennent les plus récents parmi ceux antérieurs aux temps tertiaires. Ces roches éruptives triasiques se présentent dans la *Vallée de Fassa*, entre Predazzo et Moena, au travers de dolomies cristallines d'une épaisseur énorme (1 000 mètres *au Schlern*) qui représentent, à l'époque keupérienne, d'après les géologues autrichiens MM. de Mojsiso-

(1) Ch. Vélain. Le permien dans la région des Vosges. *Bull. de la Soc. géol. de France*, 3e série, t. XIII, p. 536, 1885.

vics et de Richtofen, de véritables récifs coralliens, placés sur des points voisins des rivages, dans le Tyrol méridional, au niveau des couches de Wengen soit de la zone à *Trachyceras Archelaüs* (assise supérieure du sous-étage norien). Elles comprennent d'abord, sous la forme de nappes intercalées, des *tufs pyroxéniques* en relation avec des masses filoniennes, ou des filons-couches puissants (Alpes de Seiss) d'un porphyre augitique compact, parfois amygdaloïde (*augitporphyre*), presque dépourvu d'éléments feldspathiques et qui, doit se rapporter à un type basique de porphyrite augitique. D'après les géologues précités, la sortie de ces roches porphyritiques aurait été accompagnée d'émanations magnésiennes, qui s'adressant à des calcaires primitivement stratifiés, les auraient transformés en dolomies massives où toute trace de stratification a maintenant disparu.

Puis, traversant ces roches, on observe, dans ce même massif, des filons souvent puissants de mélaphyre qui viennent, à Predazzo, s'étaler sur les dolomies, en nappes très étendues. Ces filons de mélaphyres sont surtout nombreux dans l'Alpe du Monzoni où on les voit pénétrer dans la dolomie du Schlern, après avoir traversé toutes les couches triasiques plus anciennes (couches de Werfen à *Tirolites Cassianus*, calcaires du Muschelkalk *à Ceratites*, couches de Buchenstein à *Trachyceras Curionii* qui viennent se placer à la base des dolomies).

Dans l'Amérique du Nord, sur le versant atlantique où le trias, très développé, prend le facies arénacé de l'Europe septentrionale, les *mélaphyres*, qualifiées de roches trappéennes, prennent une importance exceptionnelle ; on les observe au milieu de bancs épais de grès rouges ou bruns, offrant, avec les végétaux caractéristiques (*Voltzia heterophylla*, *Équisetum columnare, etc.*), la plus grande analogie avec les grès bigarrés du nord de l'Europe, soit en puissants filons à séparations prismatiques pouvant atteindre 200 mètres d'épaisseur, soit en nappes d'intrusions, enfin et surtout en grandes coulées à surface scoriacée à la manière des laves modernes, souvent amygdaloïdes. Les preuves abondent pour montrer la contemporaineté de ces émissions mélaphyriques avec le dépôt de ces grès qui couvrent de vastes espaces, dans le Massachusetts et le Connecticut, où ils se sont rendus célèbres pour le nombre de leurs traces de pas de labyrinthodontes.

Tours. — Imp. DESLIS FRÈRES.

www.ingramcontent.com/pod-product-compliance
Ingram Content Group UK Ltd.
Pitfield, Milton Keynes, MK11 3LW, UK
UKHW021039230726
13926UKWH00004B/1560